江西理工大学清江学术文库出版基金资助
国家自然科学基金项目(41471001)资助

天山乌鲁木齐河出山径流对气候变化的响应

刘友存　焦克勤　著

中国矿业大学出版社
·徐州·

内 容 提 要

本书介绍了天山乌鲁木齐河流域概况，分析了天山乌鲁木齐河流域气候变化和出山径流特征，对天山乌鲁木齐河流域气候和径流变化关系进行了评估，系统研究了天山乌鲁木齐河流域出山径流对气候变化的响应。研究结果表明，乌鲁木齐河流域山区气温和降水量总体上都呈上升趋势；径流量与降水量间的关联系数大于径流量与气温间的关联系数，降水对乌鲁木齐河出山径流的影响更为显著；在不考虑人为因素影响的情况下，乌鲁木齐河出山径流量在未来仍将呈增长的态势。

本书可供相关专业的研究人员借鉴、参考，也可供广大教师和学生使用。

图书在版编目(CIP)数据

天山乌鲁木齐河出山径流对气候变化的响应 / 刘友存，焦克勤著. —徐州：中国矿业大学出版社，2020.4

ISBN 978-7-5646-4662-2

Ⅰ. ①天… Ⅱ. ①刘… ②焦… Ⅲ. ①天山—流域—地面径流—关系—气候变化—研究—乌鲁木齐 Ⅳ. ①P331.3 ②P467

中国版本图书馆 CIP 数据核字(2020)第 053190 号

书　　名　天山乌鲁木齐河出山径流对气候变化的响应
著　　者　刘友存　焦克勤
责任编辑　何晓明
出版发行　中国矿业大学出版社有限责任公司
（江苏省徐州市解放南路　邮编 221008）
营销热线　(0516)83884103　83885105
出版服务　(0516)83995789　83884920
网　　址　http://www.cumtp.com　**E-mail**:cumtpvip@cumtp.com
印　　刷　江苏凤凰数码印务有限公司
开　　本　787 mm×1092 mm　1/16　**印张** 12.25　**字数** 220 千字
版次印次　2020 年 4 月第 1 版　2020 年 4 月第 1 次印刷
定　　价　58.00 元

前　言

天山乌鲁木齐河流域是我国干旱区的内陆河流之一。西北干旱区的气候由干燥寒冷逐渐转变为温暖湿润，导致发源于新疆天山的河流径流逐渐增加，而径流的年内变化与当地气温和降水等气候条件息息相关。作为新疆乌鲁木齐市境域的主要河流，乌鲁木齐河无疑是当地工农业生产和人类生活的主要水源。该河流的水源主要为降水和冰雪融水，这两种水源与当地气候变化有着密切的关系。因此，开展河流径流与气候变化的年内相关性分析，了解二者之间的相关性很有必要。早期文献对乌鲁木齐河流域径流与气候变化的相关性研究绝大部分是从时间上分析二者的年际变化状况，而对于径流的年内变化及其与气候特征之间的关系的研究则相对缺乏。本书从月平均径流变化上分析乌鲁木齐河流域径流与气候变化之间的相关性，通过相关分析发现乌鲁木齐河流域径流与区域气温和降水等气候条件具有良好的关系，尤其是降水量对于河流径流的相关性最为明显。

本书第1章简述了国内外研究进展和趋势，以及本书的研究目的和内容。第2章分析了研究区（即乌鲁木齐河流域）的概况，包括地理位置、地质地貌、气象与水文水资源、土壤与植被。第3章从气温、降水量和蒸散量方面分析研究了乌鲁木齐河流域的气候变化特征，包括气温、降水量和蒸散量的计算及其在时间和空间上的变化，从而得出其变化趋势和周期性变化规律，为下一章的出山径流变化及其对气候变化响应的研究做好铺垫。第4章不仅给出了出山径流的计算方法，而且从时间和空间上对乌鲁木齐河流域出山径流的季节和年均变化特征进行了分析研究，探讨了乌鲁木齐河流域出山径流对气候变化的响应。第5章主要分析研究了乌鲁木齐河流域近百年来雨涝和干旱事件等极端气候的变化特征，并用GPD模型计算其流域出山径流极值变化，进而分析研究了流域径流极值对气候变化的响应。第6章对乌鲁木齐河流域的气候变化和出山径流变化进行了预估，并探讨了预估径流对预估气候变化的响应。第7章从总体上分析研究了气温、降水量和蒸散量变化情景下乌鲁木齐河流域出山径流的变化，最后设计了出山径流变化的最佳情景模式。第8章从乌鲁木齐河流域出山径流变化特征对气候变化的响应及气候情景下出山径流的变化特征等方面进行了详细总结，并展望了EasyDHM模型在新疆乃至西北干旱区和半干旱区内陆河流域的推广应用。

本书在撰写过程中得到不少专家学者的大力支持和帮助，同时也参考借鉴了一些国内外学者的研究成果，在这里对他们表示诚挚的感谢。书中所引用的部分参考文献未能一一注明的，敬请原作者谅解。由于本人水平与时间所限，书中难免出现不妥之处，还望读者能够给予批评指正。

著　者

2019年10月

目　录

第 1 章　绪　　论

1.1　引言

气候变化已成为一个重大的环境科学问题[1-2]。大气环流、蒸散和冰雪覆盖等条件的变化引起的气候变化，必将导致降水、气温、蒸散发、入渗、土壤水分、河流径流和地下水流量的变化，进而将改变全球水文循环的状态，并引起水资源时空的再分配[3-4]。同时，陆地-大气界面的植被覆盖、地表粗糙度、反照率和蒸散量等地表参数的变化，影响着二者之间的能-水通量交换，从而反馈于气候系统[5]。

气候变化对径流过程的影响是全球变化研究的重要组成部分[6]。在全球气候变化和人类活动影响下，水文循环及其时空变化研究已成为 21 世纪水科学研究的一个热点，并引起了国内外学者的广泛关注[7-8]。气候变化引起的水资源在时空上的再分配，导致水循环和水资源量的变化，从而影响生态环境和社会经济的发展[9]。研究表明，气候变化必然导致水文循环的变化，进而影响生态环境和人类社会的发展[10]。随着城市用水量的不断增加和工农业生产的快速发展，大部分河流水资源被消耗和引用，而河流的实际流量和径流量逐年减少。因此，研究径流对气候变化的响应具有重要意义[11]。联合国政府间气候变化专门委员会(Intergovernmental Panel on Climate Change，IPCC)第五次评估报告指出，全球变暖已成为一个毋庸置疑的事实，这将对全球水循环系统产生深刻的影响，尤其是对中国西北干旱地区主要由冰雪融水补给的内陆河流的影响则更大[12]。随着冰川消退和冰川储量的减少，冰川“固体水库”资源的变化将引发新的环境问题，这将导致夏季水资源和地表水资源的急剧减少。

径流主要受气候变化和下垫面条件的影响，而气候变化直接影响径流的大小和空间分布。径流的产生与降水、气温和蒸散发等气候因素的变化密切相关。根据 IPCC 的报告，过去 100 年来的气温上升导致了区域水资源的时空再分配。对于冰川补给的河流，流域产流条件随气温的升高而变化，直接导致地表径流的减少。特别是西北内陆干旱地区，年平均降水量小于 200 mm，但蒸散量却很大[13]。在我国西北高山地区广泛发育的现代冰川，即成为山区河流补给的重要来源。同时，冰川也起到了高山“固体水库”的作用。高寒区气候对全球变暖的响应更为敏感，尤其是高寒区气候因子中的气温和降水，对流域径流变化具有显著的综合作用。因此，径流对气候因子的响应更敏感，小的气候波动将导致径流的大幅度波动。受全球变暖的影响，我国西北地区特别是中高山内陆地区的气候呈现出由暖干转向暖湿。而西北干旱区水资源系统尤其脆弱，并以山区降水和融雪补给为主。气候变化改变了水文循环要素，加剧了水文系统的不稳定性，从而导致暴雨和洪水，特别是高温和干旱等极端天气事件的频率和强度加大。西北干旱区特殊的地理位置和地貌格局，其独特的水资源形成、分布和水循环过程，使水资源量的变化及其时空分布尤为突出。在我国西北干旱地区，径流的产生和汇流过程与降水、气温和北极涛动(AO)密切相关。气候变化虽小，但径流波动却大。自 20 世纪以来，极端天气和水文事件显著增加，这些极端事件在 21 世纪将变得更加频繁、广泛或严重。

天山乌鲁木齐河流域是我国西部地区典型的内陆河流，不仅是山前绿洲及其下游地区工农业生产和城市生活用水的重要来源，而且其河流流量变化是影响区域可持续发展的重要因素之一，由此引起了人们的广泛关注。随着气温的显著升高，流域蒸散量增加，冰川消退加速，冻土退化加剧，径流变化加大。近几十年来，乌鲁木齐河流域冰川、气候和水文变化及其对全球气候和环境变化的响应引起了人们的高度重视。这些“量”引发未来“质”的变化已成为研究的焦点。

近些年来，内陆河流域的旱涝灾害频繁发生。极端水文事件引起了国内外众多学者的广泛关注，并成为研究的热点。然而，对西北内陆河上游极端径流的研究却很少。自 20 世纪开始，乌鲁木齐河洪峰流量连续 7 次超过 200 m^3/s，最大流量接近 600 m^3/s[14]。因此，深入研究乌鲁木齐河流域出山径流量的极值变化规律，分析极端径流量的时空分布和统计概率特征，对于防灾减灾和区域水安全具有重要意义。现已建立的洪-枯期山区径流的最小和最大月均径流量的分布模型，得到了不同重现期的重现水平。这不仅反映了近半个世纪以来区域气候变化对欧亚大陆腹地水资源的影响，而且为西部干旱地区的生态环境建设和水资源利用提供了合理的遵循条件，并为社会可持续发展提供了理论依据和科学支持，而且对全球气候变化研究具有一定的参考价值。

已有研究表明，近年来我国西北地区的气候特征由暖干转变为暖湿，其主要表现为年平均气温逐渐升高，冬季气温显著升高，流域降水量显著增加，实际蒸散量增大[15]。因此,我国西北内陆河流域水资源变化及其时空变化特征受到了广泛关注,流域冰川和水文水资源对全球气候变化的响应也引起了研究者的广泛关注,并已取得许多有益的研究成果。总结以往的研究成果发现,以乌鲁木齐河流域为代表的典型内陆区径流和气象要素的多时间尺度特征的研究较少。本研究以乌鲁木齐河流域为研究对象,采用连续小波和交叉小波变换的分析方法,结合交叉小波能量谱、小波凝聚谱和相位差等方法,探讨了径流与气候因子在时频域内的多时间尺度相关性及其周期性变化特征。这不仅为西北内陆河径流变化提供了准确的评价和客观的预测,而且为流域水文水资源的合理利用提供了理论依据和技术支持。同时,将乌鲁木齐河流域作为一个不受人类活动直接影响的典型研究区,分析研究其山区径流变化及其对气候变化的响应,探讨山区径流变化的特征,以及气候变化条件下该地区极端水文事件和极端洪水变化,进而揭示山区水循环的自然规律。这将为下游地区旱涝灾害、水资源合理利用和社会经济可持续发展提供技术支持。

1.2 国内外研究进展

1.2.1 径流对气候变化响应的研究进展

叶柏生等[16]通过研究过去50多年来中国西部降水和主要河流径流的区域变化差异,发现黄河上游径流和降水与新疆北部及青藏高原南部雅鲁藏布江流域径流和降水呈显著的负相关关系。中国西部降水变化大体上以青藏高原唐古拉山和天山为界,表现出南北一致、中部(喀喇昆仑山除外)相反,即从南到北呈现出干-湿-干或湿-干-湿的区域变化差异。叶柏生等[17]对近40多年来新疆地区冰雪径流对气候变暖的响应进行研究并得出结论:从全年及整个夏季情况来看,径流变化与流域冰川覆盖率没有直接的响应关系,但在冰川消融最强烈的8月份,径流变化与冰川覆盖率存在明显的正相关关系,反映出气候变暖引起冰川径流增加。蓝永超等[18]分析了全球变暖背景下天山山区水循环要素的变化,指出天山南坡大多数河流径流量从20世纪80年代中后期开始明显回升,而北坡大多数河流则从20世纪90年代中期以后才开始回升,且一般是南坡增幅大于北坡,尤其是流域面积大、冰川储量大的河流呈稳定的增加趋势。虽然四季径流量都在增加,但在不同季节、不同坡向冰川补给的河流径流量的增幅存在明显的区域性差异。施雅风等[19]对我国西部气候由暖干向暖湿转型的信号、影响进行研究后指出,随着全球大幅度变暖,水循环加快,降水量和蒸散量增加。中国西北部从19世纪小冰期结束以来的100年左右处于波动性变暖、变干过程中。从1987年起，新疆以天山西部为主的地区，出现了气候转向暖湿的强劲信号，冰川消融量、降水量和径流量连续多年增加。王云璋等[20]在近50多年来黄河上游降水变化及其对径流的影响研究中也分析了自然径流量对气候变化的响应。张一驰等[21]研究了开都河流域径流对气候变化的响应机制，并结合该流域巴音布鲁克气象站和大山口水文站1958—2002年的实测资料，利用经典的Mann-Kendall和Mann-Whitney检验方法，分析对比了开都河流域气温、降水和径流序列的变化特征。孙占东等[22]在博斯腾湖流域对山区地表径流与近期气候变化的响应进行研究，基于产流区复杂地形和径流补给特征以及传统观测资料和借助雷达、微波及可见光等获得的多源遥感数据，比较分析了山区降水、积雪和冰川等因素与出山径流变化的关系，从而揭示了径流突变原因；指出产流区平均径流深与降水量关系的转变是引起出山径流异常波动的直接原因；进一步的分析指出，径流深的波动主要由冰川融水径流变化引起。徐阳等[23]分析了径流对区域气候变化的响应，发现径流对降水的响应比气温要敏感，且径流变化是气候因子和流域下垫面条件共同作用的结果。

1.2.2 小波分析在径流变化中的应用

王文圣等[24]在其研究中介绍了20世纪80年代初发展起来并被誉为数学“显微镜”的信号分析新方法——小波分析，综述了小波分析在水文水资源系统中的应用研究现状，展望了小波分析在该领域的未来研究趋势和发展方向。孙卫国等[25]介绍了交叉小波变换在区域气候分析中的应用，并将交叉谱与小波变换分析方法相结合，同时与传统的交叉谱方法相比较，指出交叉小波变换方法用于区域气候变化与大气环流系统间耦合振荡行为的相关分析更具优越性，不仅可以弥补经典交叉谱分析方法存在的缺陷，而且能够发挥小波变换在时频两域具有表征气候信号局部特征的作用。唐道来等[26]对气候变化背景下新疆地区降水时空变化特征进行了分析，依据新疆地区1951—2008年月降水量资料和运用小波分析及PCI降水集度等方法分析了新疆地区降水的时空变化规律，结果表明北疆的降水年内分配相对均匀，南疆差异较大。北疆年降水量呈增加趋势，南疆仅少数地区呈减少趋势。未来年际降水波动较大，有趋于离散而背离均值的趋势，年内降水分配规律将渐趋稳定，呈波动下降趋势。邴龙飞等[27]基于小波分析对长江和黄河源区丰水期和枯水期径流特征进行了分析，指出除长江正源沱沱河流域外，三江源其他流域不同洪-枯水期流量总体呈下降的趋势。除吉迈站外，春汛期三江源径流周期大致为4～8年。除沱沱河外，丰-枯水期三江源径流周期大致为12～13年。丰-枯水期径流周期比较稳定，而春汛期变异较大。邵骏[28]基于交叉小波变换对水文多尺度进行了相关分析，指出传统的相关系数只能从总体上考察两个时间序列的相关关系，而交叉小波变换能够从时域和频域两方面同时考察二者的相关振荡随频率和时间后延的变化细节、局部特征和位相差异，因此其在水文相关分析方面具有较好的应用效果。

1.2.3 极端水文事件的研究进展

用小波变换去验证内陆河流域的径流突变，就是在全球气候变化的背景下，研究区域有无极端水文事件发生，然后运用极值模型去分析研究极端水文事件。

近年来，极端水文事件已经引起了国内外众多学者的广泛关注，并已成为研究的热点问题[29-30]。刘冀等[31]对宜昌站百年径流极值的演化特征进行了分析研究，总结出非汛期和汛期的径流极值与极端事件的演变趋势和规律：非汛期与汛期的径流极值演变呈减小趋势，突变点后的平均径流极值较突变点前减小，径流极端事件的发生主要集中于2—3月和7—8月两个时间段，其强度于1970年后趋于增大。何艳虎等[32]分析了东江流域近50多年的径流极值变化特征，指出东江流域径流增加不显著。博罗站径流量极大值指标对应的汛期流量减少不显著，而极小值指标对应的非汛期流量显著增长。孙明[33]对平原区天然降雨极值强度与径流系数的关系进行了研究，得出天然降雨-产流的特征一般为：产流多发生在7、8月份，其特征为突发型和峰值型降雨过程，降雨极值强度均大于下垫面饱和导水率，场次降雨量一般大于20 mm，场次降雨量出现的频率小于2%，场次降雨量的大小主要取决于降雨极值强度，降雨极值强度与径流系数的关系以及概化时间与径流系数呈密切的函数关系，运用降雨极值强度与径流系数的关系可以解决平原区径流计算问题。王晓燕等[34]基于HadCM3情景，采用HBV模型、新安江模型、TOP模型和径流极值的评估方法，分析和预测了气候变化背景下黄河源区径流量的变化情况，结果表明三个模型均能较好地模拟黄河源区唐乃亥站的历史径流序列。黄河源区未来多年平均径流量呈减小趋势，径流年内分配的变化表现为夏、秋季节的径流量显著减小，而冬、春季节的径流变化趋势随水文模型的变化而变化。未来大流量事件的发生频率呈减少趋势，洪水强度可能趋于缓和，而冬季小流量事件频繁发生的可能性增加。张捷斌[14]1997年以时间序列分析为基础，应用6种极值分布模型对乌鲁木齐河年径流过程的预测进行了分析与探讨，着重分析研究了径流过程的分解、各组成分量的特征及其模拟方法，并以乌鲁木齐河年径流过程为例进行了预测。韩添丁等[35]2005 年采用趋势分析方法对乌鲁木齐河源冰雪径流极值过程进行了分析。Kumar 等[36]2010 年应用空间离散和模型预测的方法分析了德国 22 个流域的径流极值特征。徐若兰等[37]2010 年分析了气候变化对汉江流域上游水文极值事件的影响。刘友存等[38]2013 年对乌鲁木齐河出山径流的极值变化和重现期进行了分析。贺斌等[39]分析了新疆阿尔泰山地区极端水文事件对气候变化的响应,指出在全球气候变化背景下,山区气温上升明显,极端降水增多,气候变暖带来的水循环加快,极端水文事件趋于增多。冬季气温升高,春季积雪消融和融雪洪水提前,洪峰流量增加。夏季极端降水增加,使暴雨洪水增多。冬、春季节积雪增多,雪灾发生频率增加,春季融雪洪水灾害增大。极端水文事件引起的自然灾害已经威胁到阿勒泰地区的水资源供给、农牧业生产和交通安全,很有必要提高水资源的安全保障,加强水文水资源安全对气候变化的应对措施,以减小气候变化带来的危害。李秀云等[40]对河川枯水径流与极值形成机理进行了分析研究,主要讨论了河川枯水径流与极值的基本特征——枯水流量和发生时间等,重点分析研究了枯水径流与极值形成的机理,即影响枯水径流极值形成机理的地带性因素——气候和植被等,以及枯水径流产生机理的非地带性因素——地质(包括水文地质)、地形地貌和人为因素,通过综合分析研究认为:不同地带的降水量对枯水径流产生重要的影响。土壤和植被是影响河川枯水径流不可低估的因素。地形对枯水极值有较大的影响。不同地质岩性,因透水性能等的差异,对枯水量及其变化具有不同程度的作用。Ruiz-Villanueva 等[41]2011 年针对德国西南地区极端径流对短期强对流天气降水的响应进行了分析。Müller 等[42]2011 年探讨了阿尔卑斯山东南部水气通量异常与极端径流变化之间的关系。Xia 等[11]2012 年对淮河流域极端径流的时空变化规律及统计模拟进行了研究。Paquet 等[43]2013 年介绍了半连续降水径流模型在极端洪水评估中的应用。周旭东等[44]2013 年讨论了广义极值分布模型在黄河源区枯季径流中的应用以及 GEV 在该流域的适用性。徐长春等[45]对 45 年来塔里木河流域气温、降水变化及其对积雪面积的影响进行了分析研究,结果表明流域气温和降水均在 20 世纪 80 年代中期发生了阶段性的跳跃式增长,气温和降水增加的主要季节分别为冬季和夏季。Liu 等[46-47]2015 年和 2016 年分别分析了乌鲁木齐河的径流变化和洪-枯水期的径流极端变化。孙美平等[48]对近 50 多年来乌鲁木齐河源区径流变化及其机理进行了研究,指出空冰斗的融雪径流、降水量的多寡是导致径流变化的主导因素。韩添丁等[49]对乌鲁木齐河流域径流增加的事实进行了分析,总结出径流增加的主要原因是高山区降水的显著增加,而流域内降水明显增加的区域在高山带和山前平原区,中、低山带降水的增加趋势并不是非常显著。龚建新等[50]不仅分析了乌鲁木齐河山前区洪水演变规律，而且依据乌鲁木齐河的气象和沿河地质资料以及乌拉泊站和英雄桥站的洪水资料，对乌鲁木齐河洪水类型、特征和成因进行了深入分析研究，揭示了乌鲁木齐河出山口至山前区洪水的传播规律。

除上述研究工作和成果外，还有其他大量关于我国西北干旱区水文和水资源变化以及对气候变化响应的研究工作和成果，为我国西北干旱地区出山径流变化及其对气候变化响应的研究做出了很大的贡献。

1.3 研究目的和内容

以乌鲁木齐河流域为研究对象，对研究区水文和气象资料进行处理之后，采用小波函数进行小波变换，从而得到了不同水文和气象要素在不同时域、频域中的连续小波谱。运用交叉小波变换分析方法，分析了乌鲁木齐河流域源区气温、降水和AO指数等气象要素间及其与出山径流之间的联合统计特征。根据交叉小波相关系数、小波凝聚谱和位相差，分析了在时频域中的多时间尺度相关关系及其所包含的周期特征。从多时间尺度上探讨了流域水资源变化的原因及其与气温、降水和AO指数等气象因子的联系，为河流径流的客观评估和准确预测以及流域水资源的合理利用提供理论依据和技术支持。

交叉小波分析是由交叉谱分析与小波变换两种方法相结合而产生的一种在时频域中分析两个信号相关性的分析方法[51]。交叉小波变换具有较强的信号分辨和耦合能力，便于描述耦合信号在时频域中的分布状况与相位关系，但在揭示时频空间的两个时间序列低能量区还存在一定的不足。而交叉小波凝聚谱能较好地分析两者低能量区的显著相关性。因此，通过对连续小波变换后的系数进行交叉小波变换及小波相关变换，对各气象和水文要素进行了相互间的交叉小波能量谱和小波凝聚谱分析，从多时间尺度的角度探讨其在时频域中的相关性，并运用红噪声标准谱进行显著性检验。

本书以乌鲁木齐河流域出山径流作为研究对象，并以流域内出山口附近的英雄桥水文站过去几十年实测的出山径流资料为基础，运用广义Pareto极值分布(GPD)模型，分析流域极端径流的时空变化规律和概率统计特征，构建流域出山径流丰水期与枯水期月均径流量极大值与极小值的分布模型，获得了不同重现期的重现水平，这为预估未来两个时期的流域极端径流变化以及进一步研究气候变化对极端径流事件的影响奠定了基础[38]。

参考文献

[1] ZEMP M,HUSS M,THIBERT E,et al. Global glacier mass changes and their contributions to sea-level rise from 1961 to 2016[J]. Nature,2019,568(3):382-386.

[2] STEPHEN C L W,JOANNE P,NICOLA J B,et al. Assessing the natural capital value of water quality and climate regulation in temperate marine systems using a EUNIS biotope classification approach[J]. Science of the total environment,2020,744:140688.

[3] STEPHEN J V,WANG F Y,JONATHAN E M,et al. Changes in North American atmospheric circulation and extreme weather:influence of arctic amplification and northern hemisphere snow cover[J]. Journal of climate,2017,30(11):4317-4333.

[4] 刘艳丽,张建云,王国庆,等. 气候自然变异在气候变化对水资源影响评价中的贡献分析:Ⅰ. 基准期的模型与方法[J]. 水科学进展,2012,23(2):147-155.

[5] SHI J C,DU Y,DU J Y,et al. Progresses on microwave remote sensing of land surface parameters[J]. Science China(Earth sciences),2012,55(7):1052-1078.

[6] JUNG M,KIM H,MALLARI K J B,et al. Analysis of effects of climate change on runoff in an urban drainage system:a case study from Seoul,Korea[J]. Water science and technology,2015,71(5):653-660.

[7] MARVEL K,COOK B I,BONFILS C J W,et al. Twentieth-century hydroclimate changes consistent with human influence[J]. Nature,2019,569(7754):59-65.

[8] NAOURA J,BENAABIDATE L,DRIDRI A,et al. Hydrology and surface water quality of the inaouene river watershed,Morocco[C]. Sixteenth international water technology conference proceedingsinternational water technology association,2012:878-889.

[9] 陈亚宁,杨青,罗毅,等. 西北干旱区水资源问题研究思考[J]. 干旱区地理,2012,35(1): 1-9.

[10] CHEN Y N,XU Z X. Plausible impact of global climate change on water

resources in the Tarim River Basin [J]. Science China(Earth sciences), 2005,48(1):65-73.

[11] XIA J,DU H,ZENG S,et al. Temporal and spatial variations and statistical models of extreme runoff in Huaihe River Basin during 1956—2010 [J]. Journal of geographical sciences,2012,22(6):1045-1060.

[12] 孙颖,秦大河,刘洪滨. IPCC 第五次评估报告不确定性处理方法的介绍[J]. 气候变化研究进展,2012,8(2):150-153.

[13] 陈亚宁,徐长春,杨余辉,等. 新疆水文水资源变化及对区域气候变化的响应[J]. 地理学报,2009,64(11):1331-1341.

[14] 张捷斌. 乌鲁木齐河洪水频率分析[J]. 干旱区地理,1997,20(4):1-10.

[15] 苏明峰. 半个多世纪来中国气候冷暖与干湿配置的年代际变化[C]. 中国气象学会第八届全国优秀青年气象科技工作者学术研讨会论文汇编,2014:840-852.

[16] 叶柏生,李翀,杨大庆,等. 我国过去 50 a 来降水变化趋势及其对水资源的影响(Ⅰ):年系列[J]. 冰川冻土,2004,26(5):587-594.

[17] 叶柏生,丁永建,杨大庆,等. 近 50 a 西北地区年径流变化反映的区域气候差异[J]. 冰川冻土,2006,28(3):307-311.

[18] 蓝永超,吴素芬,韩萍,等. 全球变暖情境下天山山区水循环要素变化的研究[J]. 干旱区资源与环境,2008,22(6):99-104.

[19] 施雅风,沈永平,胡汝骥. 西北气候由暖干向暖湿转型的信号、影响和前景初步探讨[J]. 冰川冻土,2002,24(3):219-226.

[20] 王云璋,康玲玲,王国庆. 近 50 年黄河上游降水变化及其对径流的影响[J]. 人民黄河,2004(2):5-7,46.

[21] 张一驰,李宝林,程维明,等. 开都河流域径流对气候变化的响应研究[J]. 资源科学,2004(6):69-76.

[22] 孙占东,CHRISTIAN O,王润,等. 博斯腾湖流域山区地表径流对近期气候变化的响应[J]. 山地学报,2010(2):206-211.

[23] 徐阳,谭东成,胡彩虹. 径流对区域气候变化的响应研究[J]. 气象与环境科学,2008,31(4):32-35.

[24] 王文圣,丁晶,向红莲. 小波分析在水文学中的应用研究及展望[J]. 水科学进展,2002(4):515-520.

[25] 孙卫国,程炳岩. 交叉小波变换在区域气候分析中的应用[J]. 应用气象学报,2008,19(4):479-487.

[26] 唐道来，徐利岗．气候变化背景下新疆地区降水时空变化特征分析[J]．水资源与水工程学报，2010，21(3)：73-76，79.

[27] 郕龙飞，邵全琴，刘纪远，等．基于小波分析的长江和黄河源区汛期、枯水期径流特征 [J]．地理科学，2011，31(2)：232-238.

[28] 邵骏．基于交叉小波变换的水文多尺度相关分析[J]．水力发电学报，2013，32(2)：22-26，42.

[29] COULIBALY P，BOBÉE B，ANCTIL F. Improving extreme hydrologic events forecasting using a new criterion for artificial neural network selection[J]. Hydrological processes，2001，15(8)：1533-1536.

[30] 张利平，杜鸿，夏军，等．气候变化下极端水文事件的研究进展[J]．地理科学进展，2011，30(11)：1370-1379.

[31] 刘冀，董晓华，胡立刚．宜昌站百年径流极值演化特性分析[J]．水电能源科学，2009，27(6)：24-27.

[32] 何艳虎，陈晓宏，林凯荣，等．东江流域近 50 年来径流极值变化特征[J]．水电能源科学，2013，31(6)：36-39.

[33] 孙明．平原区天然降雨极值强度与径流系数的关系研究[J]．海河水利，2006(6)：49-50，52.

[34] 王晓燕，杨涛，王波，等．基于多模型的黄河源区径流极值情景预测[J]．水电能源科学，2012，30(3)：27-30.

[35] 韩添丁，丁永建，焦克勤，等．天山乌鲁木齐河源冰雪径流的极值分析[J]．冰川冻土，2005，27(2)： 276-281.

[36] KUMAR R，SAMANIEGO L，ATTINGER S. The effects of spatial discretization and model parameterization on the prediction of extreme runoff characteristics[J]. Journal of hydrology，2010，392(1)：54-69.

[37] 徐若兰，陈华，郭靖．气候变化对汉江流域上游水文极值事件的影响[J]．北京师范大学学报(自然科学版)，2010(3)：383-386.

[38] 刘友存，霍雪丽，郝永红，等．天山乌鲁木齐河上游径流极值变化分析研究[J]．冰川冻土，2013，35(5)：1248-1258.

[39] 贺斌，王国亚，苏宏超，等．新疆阿尔泰山地区极端水文事件对气候变化的响应[J]．冰川冻土，2012，34(4)：927-933.

[40] 李秀云，傅肃性，宋现锋．河川枯水径流与极值形成机理研究[J]．中国沙漠，1999，19(3)：228-233.

[41] RUIZ-VILLANUEVA V，BODOQUE J M，DÍEZ-HERRERO A，et al.

Triggering threshold precipitation and soil hydrological characteristics of shallow landslides in granitic landscapes[J]. Geomorphology, 2011, 133(3): 178-189.

[42] MÜLLER M, KASPAR M. Association between anomalies of moisture flux and extreme runoff events in the South-Eastern Alps[J]. Natural hazards and earth system sciences, 2011, 11(128): 915-920.

[43] PAQUET E, GARAVAGLIA F, GARÇON R, et al. The SCHADEX method: a semi-continuous rainfall-runoff simulation for extreme flood estimation[J]. Journal of hydrology, 2013, 495: 23-37.

[44] 周旭东,杨涛,梁慧迪. 广义极值分布模型在黄河源区枯季径流中的应用[J]. 水电能源科学,2013,31(2):12-14,240.

[45] 徐长春,陈亚宁,李卫红,等. 45 a 来塔里木河流域气温,降水变化及其对积雪面积的影响[J]. 冰川冻土,2007,29(2):183-190.

[46] LIU Y C, WU J, LIU Y, et al. Analyzing effects of climate change on streamflow in a glacier mountain catchment using an ARMA model[J]. Quaternary international, 2015, 358: 137-145.

[47] LIU Y C, LU M J, HUO X L, et al. A Bayesian analysis of Generalized Pareto Distribution of runoff minima[J]. Hydrological processes, 2016, 30(3): 424-432.

[48] 孙美平,李忠勤,姚晓军,等. 近 50 a 来乌鲁木齐河源区径流变化及其机理研究[J]. 干旱区地理,2012,35(3):430-437.

[49] 韩添丁,叶柏生,丁永建,等. 乌鲁木齐河流域径流增加的事实分析[J]. 冰川冻土,2005,27(5):655-659.

[50] 龚建新,文军,王作彬,等. 新疆乌鲁木齐河山前区洪水演变规律分析[J]. 人民长江,2010,41(8):59-62.

[51] 刘友存,刘志方,郝永红,等. 基于交叉小波的天山乌鲁木齐河出山径流多尺度特征研究[J]. 冰川冻土,2013,35(6):1564-1572.

第2章 乌鲁木齐河流域概况

2.1 地理位置

乌鲁木齐河发源于中国西北部地区东天山中段喀拉乌成山主峰——天格尔Ⅱ峰(海拔4 479 m)北坡著名的1号冰川末端(海拔约为3 800 m)。出山口后至乌拉泊水库折为正北,穿过乌鲁木齐市区,至米泉县西北消失,总长214.3 km。其中,出山口以上河段长62.6 km[1-2]。流域范围在东经86°45′~87°56′、北纬43°0′~44°07′之间,总的地势南高北低。西接头屯河流域,东为板房沟流域(图2-1)。流域总面积4 684 km^2,其中山区(西白杨沟口以上)流域约为1 070 km^2,流域平均海拔3 006 m;英雄桥以上流域面积924 km^2,平均海拔3 083 m;跃进桥以上流域面积310 km^2,平均海拔3 483 m[3]。出山口以上流域平均宽度约为15 km。

乌鲁木齐河地处欧亚大陆腹地,是典型的冰雪和降水混合补给的内陆性高山河流。它是乌鲁木齐-昌吉区域中流程最长、年径流量最大、受益范围最广的河流,也是该区域工农业生产和城市生活用水的重要水源,因此也被称为"乌鲁木齐市的母亲河"。同时,乌鲁木齐河的河源1号冰川,是典型的大陆性冰川,对研究全球气候环境变化很重要[4]。因此,中国科学院天山冰川观测试验站(以下简称中科院天山冰川站)分别在河源区的冰川末端(1号水文点)、空冰斗和总控(海拔3 408 m)进行了逐日气温、降水和径流观测,在后峡(2号水文点附近)进行了逐日气温和降水的观测[5];乌鲁木齐市水文水资源局和新疆维吾尔自治区水利厅在山区中部(海拔2 336 m)和出山口附近(海拔1 920 m)设立了跃进桥和英雄桥水文站;乌鲁木齐市气象局在河源区(海拔3 539 m)设立了大西沟气象站(图2-2)。此外,由于该区域现代冰川集中,冰川地貌和沉积物非常典型,古冰川遗迹保存完整清晰,很多学者在此进行了大量的研究工作[6-12]。

乌鲁木齐河是冰雪融水和降水混合补给型河流,水系发育不对称,干流左岸

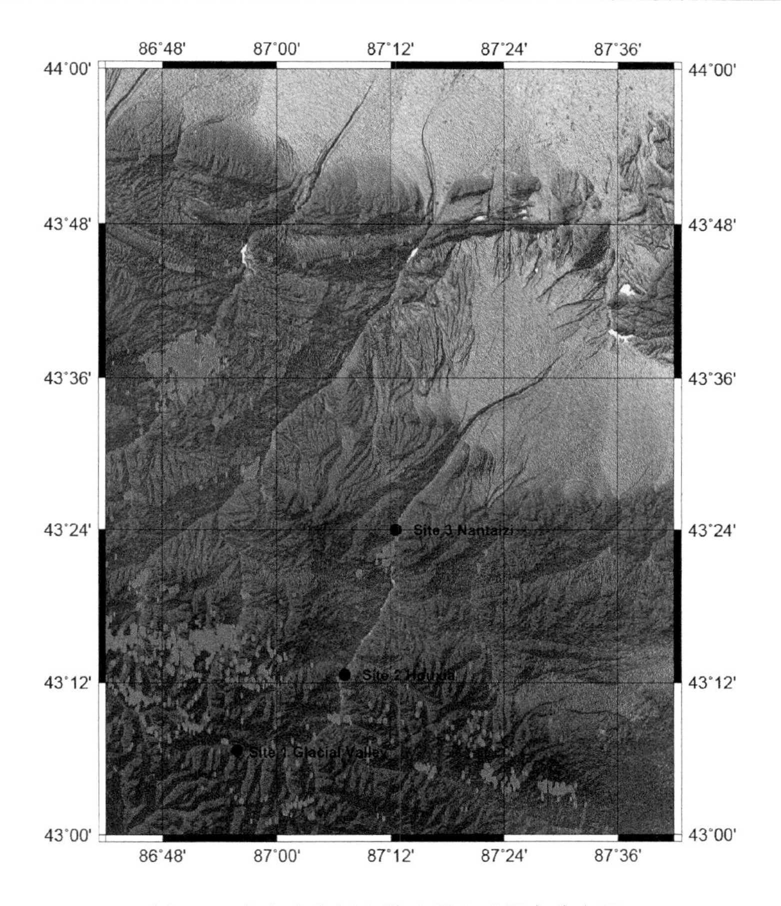

图 2-1　乌鲁木齐河上游地形和观测点分布图

分布有 21 条支流，右岸分布有 14 条支流(图 2-2)。根据英雄桥水文站 49 年来的实测资料统计，乌鲁木齐河上游山区段多年平均径流量为 2.427×10^{8} m^{3}，其中冰川融水占近 12%(年平均消融量 0.28×10^{8} m^{3})、融雪水占 37%、降雨占 36%、地下水占 15%；年径流变差系数为 0.146，最大年径流量为 3.45×10^{8} m^{3}，径流模比系数为 1.42；最小年径流量为 1.750×10^{8} m^{3}(2001 年)，其模比系数为 0.72；年径流的最大值与最小值的比值为 1.97 (图 2-3)[13]。年际水量变化幅度较为平稳，也就是说最丰水年径流量不超过正常年径流量的 1.5 倍，最枯水年径流量不小于正常径流量的 1/2[14]。而据新疆维吾尔自治区水利厅 1999 年公布的统计数据，河源区冰川面积为 37.95 km^{2}，冰川覆盖度占流域总面积的 4.1%；冰川融水补给为 2.36×10^{7} m^{3}，占河流径流量 2.35×10^{8} m^{3} 的 10%左右[15]。

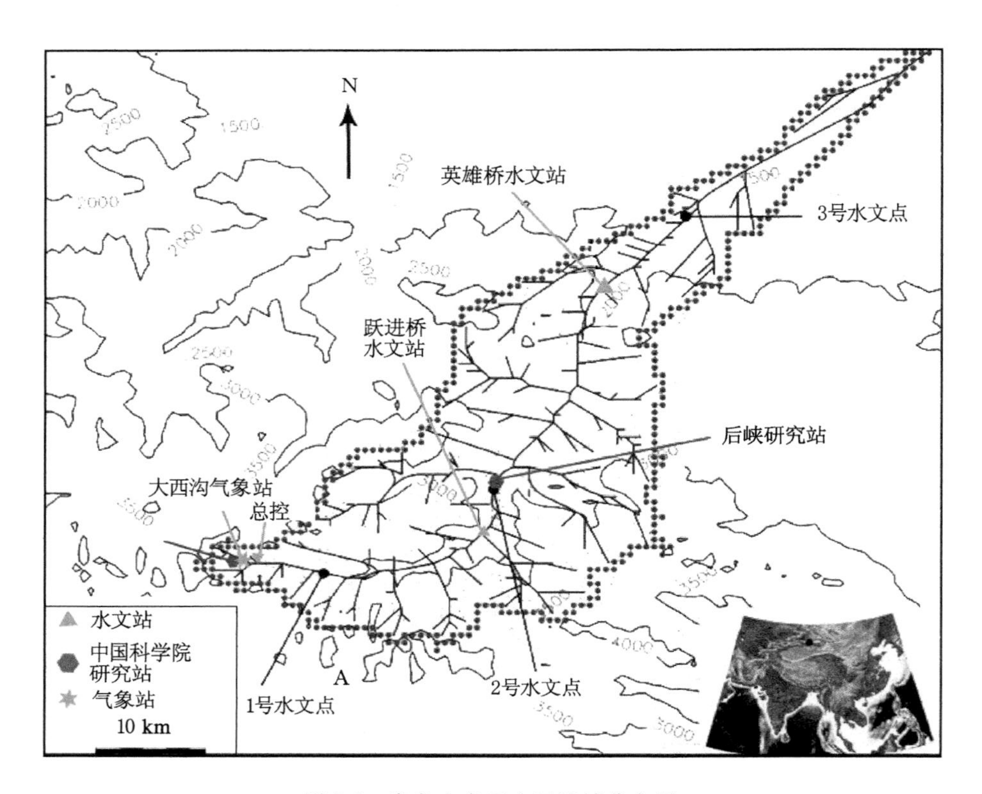

图 2-2 乌鲁木齐河山区流域分布图

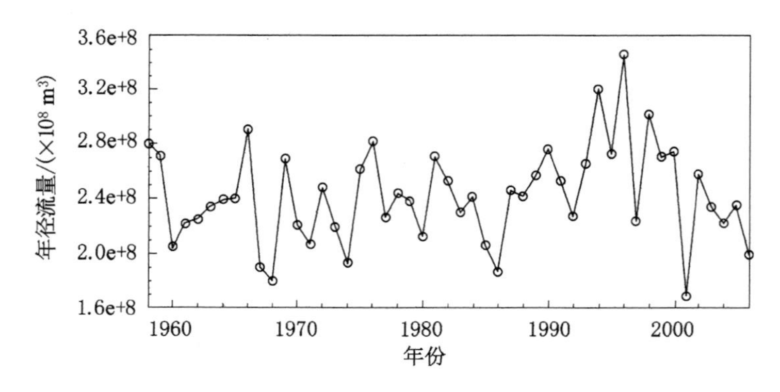

图 2-3 乌鲁木齐河上游的年径流量

2.2 地形地貌

2.2.1 地质特征

地质主要是地球自身的能量分布与地壳运动造成的。地质因素中影响流域和泥沙输移的主要因子是构造和岩性。构造的褶皱、隆起、凹陷、断裂和岩层产状是影响流域和水系的因子。岩石是组成流域和水系的边界物质,也是河流泥沙的来源。因此,岩石的可侵蚀性、可溶蚀性和可渗透性成为流域和水系发育的重要影响因子[16]。

乌鲁木齐河上游山区的形成与构造运动有关。天山曾经历古生代末期的华力西运动、中生代末期的燕山运动以及第四纪以来的构造运动,在原来构造基础上经强烈活动才形成了今天的高山峡谷和后峡盆地[17]。

随着构造运动和地质演变,自河源至出山口分布着不同地质时代的地层。河源主要为古生代中期志留纪的片岩、片麻岩、灰岩、白色大理岩和白云岩等;红五月桥至跃进桥主要为泥盆纪的石英闪长岩、花岗闪长岩、灰岩、硅质岩和粉砂岩;英雄桥及二营附近分布石炭纪的凝灰质砂岩、泥岩、页岩、硅质岩;而后峡盆地则为中生代侏罗纪的砂岩、页岩和含煤地层。另外,在乌鲁木齐河干支流源头、后峡盆地和前峡口至白杨沟一带,主要为第四纪堆积覆盖层,包括冰碛砾石、冲积砾石和黄土层等松散沉积物[17]。

2.2.2 地貌特征

乌鲁木齐河河谷由于构造运动和长期的冰川作用及寒冻风化作用,山脊轴线向北偏离,北坡侵蚀下切强烈、坡陡谷深、地势险峻[18]。在中山带,谷地形态以峡谷和断陷盆地相间分布为主要特点。后峡盆地是东南走向的断陷盆地,盆地可分上、下两段,第四纪以来一直处于强烈的上升状态,河流以下切为主,深切基岩,河谷窄深,流水湍急。盆地内部地势较为平缓,有3～5级阶地;盆地也是后峡以上流域河流侵蚀物的堆积场所,河流进入盆地后,下切减弱,以堆积和侧向侵蚀为主,形成宽阔的河谷,并发育有河滩地(图2-4)。英雄桥一带河流深切峡谷,称为前峡。河流通过前峡山口以后,进入山麓冲积扇,两侧阶地8～9级,规模清晰巨大。其冲积扇主要是由西域砾石层(周尚哲等[19]称为沙尔乔克砾石层)形成的第四纪沉积,包括冰碛砾石、冲积砾石和黄土层等松散沉积物[20-21]。

图 2-4　乌鲁木齐河上游地形及冰川分布图

植被直接或间接地给河流活动(侵蚀作用和沉积作用)以重大的影响。植被减弱了谷坡的冲刷,减少了来自河地间的固体物质的数量。乌鲁木齐河山区流域山势高、坡降陡,从河源区的 1 号冰川末端(海拔 3 800 m 左右)到出山口(1 700 m),相对高差约 2 100 m。气候和植被有明显的垂直分带,海拔 1 500～2 900 m 为高山林带,2 900～3 000 m 为高山草甸,3 000 m 以上为裸岩、冰碛物堆积和多年冻土带。作为典型的大陆性气候,整个山区大部分时间西风盛行,而近地表则每年从 5 月到 9 月局部山谷风盛行[22-23]。整个乌鲁木齐河山区流域高程和面积占比详见表 2-1。

表 2-1　乌鲁木齐河山区流域高程和面积

海拔/m	>3 600		3 600～2 600		2 600～1 670		全流域
流域	面积/km^2	百分比	面积/km^2	百分比	面积/km^2	百分比	面积/km^2
跃进桥以上	134.8	43.5	168.8	54.5	6.4	2.1	310.0
英雄桥以上	207.8	22.5	473.0	51.2	243.2	26.3	924.0

注:数据来源于新疆维吾尔自治区水利厅水文总站。

坡度决定了水沙沿坡面方向重力分量的大小。当坡度较小时,水沙的重力分量也小。水沙沿坡面方向的重力分量大小直接影响着坡面侵蚀的过程[24]。

乌鲁木齐河流域除后峡有狭小盆地外，皆为崎岖的山地。在这些陡峭的地表上形成的河道坡度大，水流比较急[25]。山区流域集水区内坡降大于 60% 的面积约占 15%；30%～60% 的面积约占 75%；小于 30% 的面积约为 10%。河道为凹型坡（图 2-5）。

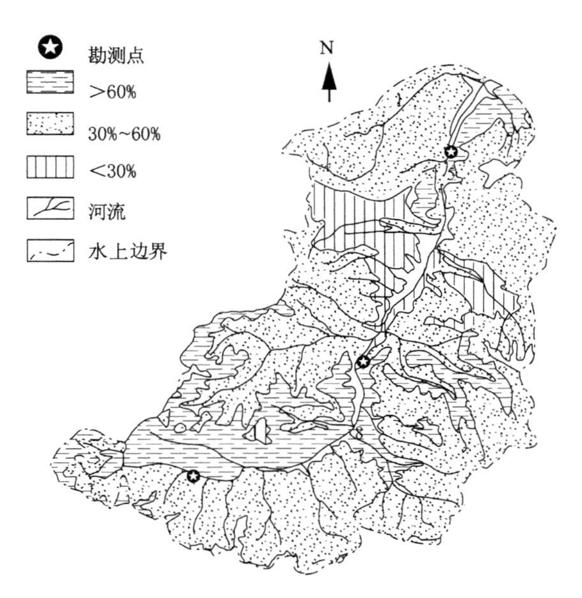

图 2-5　乌鲁木齐河上游坡度示意图

根据在 1∶50 000 地形图上的量算值，从河源区到巴拉提沟口附近（海拔 3 900～2 640 m），河道平均比降为 0.064；从巴拉提沟口到后峡出山口（中科院天山冰川站附近，海拔 2 640～2 140 m），平均比降为 0.029；包含整个后峡盆地直到出山口（海拔 2 140～1 700 m），平均比降为 0.014 5[图 2-6(a)，海拔沿河程变化][26]。

从河源到巴拉提沟口区间内，河道坡度变化较大，最大比降高达 0.5，而最小的比降仅有 0.015 8，其中以河源区、冰川总控断面附近和望峰道班三个地段的比降较大，最大值都大于或等于 0.2；从河源到出山口区间内，随着河程的增长、海拔的降低，比降逐渐减小，比降的变化幅度也越来越小[图 2-6(b)，坡降沿河程变化]。

坡度的大小直接影响水流速度，坡度大，则流速快、下渗量小、冲刷力强。如跃进桥以上的流域平均比降为 0.064，西白杨沟口以上流域平均比降为 0.034，切割密度从 0.475 km/km^2 降至 0.427 km/km^2；切割深度从 0.9～

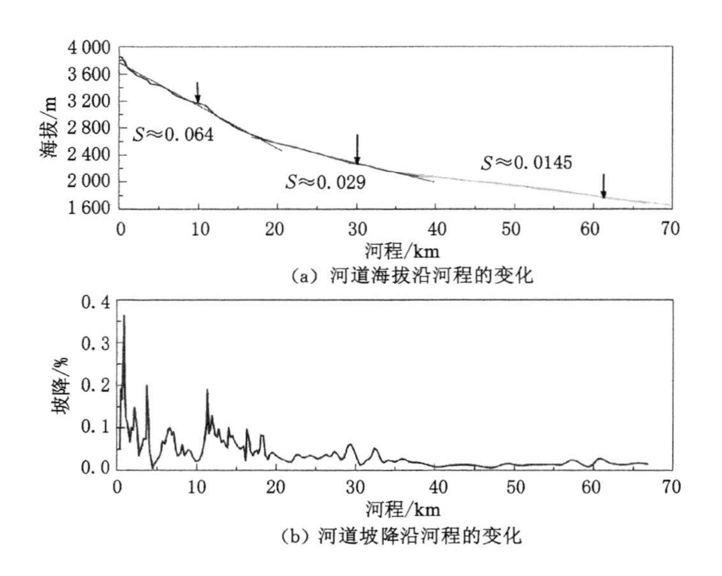

(a) 河道海拔沿河程的变化

(b) 河道坡降沿河程的变化

图 2-6　乌鲁木齐河主河道地形变化

1.9 km 降至 0.4～0.9 km。这说明坡降与河网的发育呈正比关系(见表 2-2)。

表 2-2　乌鲁木齐河长期观测断面的主要特征参数

断面名称	流域面积/km²	干流长度/km	平均比降	断面海拔/m
总控	28.9	4.0	0.103	3 408
跃进桥	310	25.9	0.058 7	2 336
英雄桥	924	52.8	0.036	1 920
白杨沟口	1 070	62.6	0.034 3	1 680

注:数据来源于中科院天山冰川站。

乌鲁木齐河流向和构造走向大体一致。跃进桥是乌鲁木齐河流向的转折点,河流在此形成一个大拐弯,大致由东西向转为南北向。乌鲁木齐河水系以跃进桥为界可分为上、下两段。跃进桥以上的干流段受天山轴部背斜及挤压张裂构造控制,基本上呈东西流向。跃进桥以下干流段受背斜向斜翼部倾向及经向剪切破裂构造控制,由南向北流,各支流呈纬向发育[27]。

2.3　气象与水文水资源

2.3.1　气候特征

河流是气候的产物，通过降水和蒸发影响径流形成过程。气候不但直接决定河流的形成，而且也控制着河流的地理分布。河流的水位和流速的变动、封冻和解冻过程都是由气候来调节的，因而气候也有调节河流在地表形成各种地貌的作用[28]。

乌鲁木齐河流域平均海拔高，降水多于平原；气温低，蒸发量低于平原；坡降大，径流易于形成；中、高山带的降水以降雪为主，对径流的年内分配及年际变化都有影响[29]。山地是乌鲁木齐河流域的径流形成区，主要气候要素见表 2-3。

表 2-3　乌鲁木齐河山区流域主要气候要素(1985—2004 年)

站名	海拔/m	年均气温/℃	气温年较差/℃	年降水量/mm	降雪百分比/%
大西沟	3 539	−4.87	35.9	452	74.5
总控	3 408	−4.72	46.5	438	
跃进桥	2 336	0.7	48.3	470	34.5
后峡	2 130	0.8	55.1	409	
英雄桥	1 920	1.5	53.2	466	31.3

由表 2-3 可以看到，乌鲁木齐河山地河谷的年平均气温在−5.5～−1.3 ℃之间，年较差大于 35 ℃。随海拔的升高，年均气温降低，年较差缩小，年均温度递减率为 0.4 ℃ /100 m，但冬季气温随海拔升高呈“低-高-低”的变化，说明中山带存在逆温层。1984—2004 年的 21 年间，气温年均波动不大，总体上呈显著的增加趋势，年均气温分别升高接近 1 ℃；中山带和高山带的气温年均变化趋势非常相似[图 2-7(a)]。

乌鲁木齐河流域降水除随海拔上升递增外，还有西部山区大于东部山区、河谷小于山坡等特点[28]。据 1985—2004 年的观测资料，流域年平均降水量为 451.2 mm，随海拔上升呈双峰型变化，海拔 1 900 m 上下的前峡降水量最大，为 466 mm(英雄桥站 1985—2001 年的观测资料)；高山区次之，为 452 mm(大西沟站 1985—2004 年的观测资料)；后峡盆地年降水为 409 mm(中科院天山

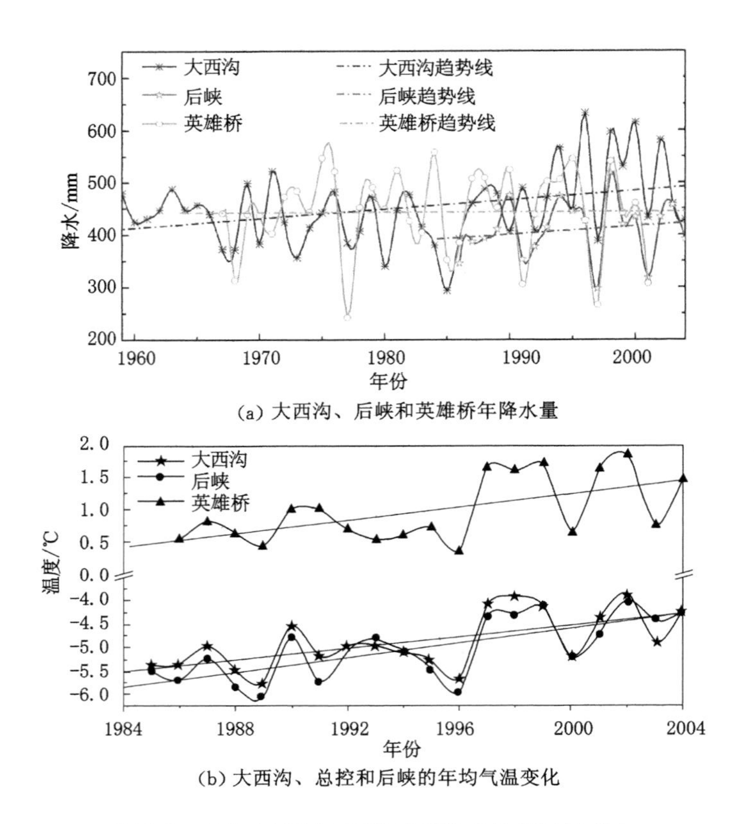

(a) 大西沟、后峡和英雄桥年降水量

(b) 大西沟、总控和后峡的年均气温变化

图 2-7　乌鲁木齐河山区流域年降水量和气温变化

冰川站 1986—2004 年的观测资料)，中山带以上降水递增率为 3.1 mm/100 m。夏季降水占年降水总量的 61.8%，冬季仅占 4.1%，年内分配极不均匀。流域内固态降水占年降水量比重较大，其值随海拔升高而增加。降水年际波动较大，以大西沟为例，降水量从最低的不足 300 mm (1985 年)到最高的 632 mm (1996 年)。但是除了低山带(英雄桥站)变化并不明显以外，总的来说有增加趋势[图 2-7(b)][30]。

(1) 气象要素

乌鲁木齐河流域位于典型的中高纬度内陆地区，气象要素特征为：

① 气压：由于地形差异较大，气压变化亦较大。

② 风：乌鲁木齐河流域盛行北风和西北风，南风的活动范围主要是北郊平原和大西沟，但东北风和南风在南郊中低山区也比较活跃。

③ 蒸散量：流域内日照充足，导致水体的蒸发程度较高。乌鲁木齐市及其附近区域的蒸散量约 2 200.0 mm；南山地区随着海拔上升而减小，板房沟建新站 1 725.6 mm，进入山区以后变化不大，年际变差在 596.1～892.1 mm 之间[31]。

④ 云量：整个区域内年平均总云量在 40.0%～50.0%之间，其差异不大。春、夏季节是全年云量最富集的时节，特别是山区，可达 70.0%。

(2) 季节性特征

① 春季(3—5 月)：气温上升快速而不稳定，冷暖交替，风多而风力大。天气多变，多雨夹雪，气温升降频繁。伴随着持续的大风，偶尔出现大雨或暴风雪。春季积雪融化，土壤解冻。一般来说，在 3 月中旬至 4 月底，北部平原区和市区周边开始耕作；在 3 月底至 4 月初，南山山麓地带开始耕作。

② 夏季(6—8 月)：受亚热带高压的影响，上游地区气温上升加快，平原和谷地升温剧烈，最高气温可达 35 ℃以上，出现酷热、多雨和阵风天气。由于该地区位于中亚浅槽的前缘，弱冷空气会产生强烈影响，而且区域内三面环山，导致弱冷空气被迫抬升，易行成阵风风暴。当强冷空气侵入时，雷电暴雨交加。夏季气温高，降水增多且剧烈。频繁的集中降水易触发山洪和泥石流发生，河流水位会急剧上升，进而发生洪涝灾害。

③ 秋季(9—11 月)：在亚热带高压的影响下，天气晴好，气温适宜，降水减少。但是来自北方的冷空气逐渐向南推进，平均每月出现 1～2 次的冷空气入侵，这时气温急剧下降可达 9.0 ℃左右，导致雨雪天气频发。

④ 冬季(12 月至翌年 2 月)：浅高压脊徘徊在新疆地区上空，西北气流游走于乌鲁木齐市区上空。气温降低剧烈，降水急剧减少，气候持续严寒。平原和山谷有 29～37 天的日最低气温在－20 ℃以下，据数据显示，1951 年 2 月 27 日的最低气温低达－41.5 ℃。冬季积雪深度一般在 10.0～15.0 cm，降水量约占全年降水量的 10.0%左右。此时段风力微弱，在海拔 2 000～2 500 m 以下形成深厚的辐射逆温，空气湿润，天气多云多雾。受冬季逆温层的影响，山区前缘气温比平原与谷地高 4.0～5.0 ℃，降水量占全年降水量不到 5.0%。在海拔 2 500 m 以上山区不到 2.0%，而山区的最大积雪深度可达 65.0 cm。

(3) 冻土和地温

区域内地表温度的年变化和日变化均大于气温变化。7 月份地温差异最大，土壤温度比气温高 4.0～5.0 ℃，冬季土壤温度比气温低。

随着距离地表的深度加深，冻土层地温呈现垂直变化趋势。冬季地温是逐渐上升的，夏季是逐渐下降的，春、秋季节则基本保持不变。随着冻土层深度的不断加深，冻土层温度逐渐趋于稳定。因此，冬季冻土层地温远高于地表以上气温，夏季则相反。平原、山谷和城市地区的最大冻土深度约为 1.5 m，中山带地区约为 1.3 m。随着海拔上升，冻结期加长。平原地区约 4 个月（12 月至翌年 3 月），南山区约 6 个月（11 月至翌年 4 月），高山区则解冻和冻结时间均推迟。

2.3.2 水文特征

大气降水、冰雪融水和地下水是乌鲁木齐河流域的主要水来源。依据统计，乌鲁木齐河上游区域的年平均径流量为 2.43×10^{8} m^{3}，其中冰川融水占 12.0%（年平均消融量 0.28×10^{8} m^{3}）、融雪水占 37.0%、降雨占 36.0%和地下水占 15.0%。年径流变差系数为 0.146，最大年径流量为 3.45×10^{8} m^{3}，径流模数为 1.42；最小为 1.750×10^{8} m^{3}（2001 年），径流模数为 0.72，最大与最小值之比为 1.97。6—9 月份的径流量为 1.9×10^{8} m^{3}，占年径流量的 79.0%，而灌溉季节的 4—5 月份径流量仅占 9.0%。水源最丰富时的年径流量不超过正常年径流量的 1.5 倍，最稀少时不小于正常径流量的 1/2，相对来说较为稳定，波动不大[32]。据新疆维吾尔自治区水利厅 1999 年公布的统计数据，河源区冰川面积为 37.95 km^{2}，冰川覆盖度占流域总面积的 4.1%，冰川融水补给为 2.36×10^{7} m^{3}[15]。近几年径流量的增加主要是冰川融水增加所致，冰川水文模型模拟结果表明，1980—2006 年间，1 号冰川体积累计减少 2.1×10^{9} m^{3}。也就是说，冰雪和冻土变化对径流产生直接影响，监测结果表明近几十年来河源区冰雪和冻土径流显著增加，同时冰川径流还表现出昼夜变化很明显。由于全球气候的温暖化，冰川融化速度加快，径流变差系数呈现增大的趋势，导致径流的丰、枯频率增大[16]。20 世纪 90 年代也出现过类似的情况，例如 1994 年和 1996 年的涝灾，1991 年和 1997 年的旱灾。随着冰川的逐渐减少，水库的调节能力降低，季节性变化对乌鲁木齐河的影响将大大增加。高山区降水量的增加导致英雄桥水文站径流量自 20 世纪 80 年代中后期以来大量增加，年平均径流量 1987—2001 年较 1958—1986 年增加了约 12.0%[33]。在重建 360 年径流量变化中发现：英雄桥以上融雪和降水补给约占河流年径流总量的 2/3，山区流域径流量的偏丰期出现在湿润期或冰雪融水较常年增多的时期，而径流量偏枯期出现在暖干期或冰雪融水较常年减少的时期。自 1634 年以来，乌鲁木齐河山区流域平均径流量从多到少依次为平水年、偏枯水年、偏丰水年、特丰水年和特枯水年。这表明乌鲁木齐河山区流域 360 年来的径流量变化基本上是稳定的，其原因在于水来源有高山冰雪融水的滋养，所以枯水期的流量也不会太少。计算得出：

1984—1987年，融雪水补给约占英雄桥水文站年径流组成的2/3，冰川融水补给约占1/10。这从一个方面解释了乌鲁木齐河山区流域径流稳定的原因所在。

乌鲁木齐河径流特征明显。山区流域(英雄桥水文站以上)年平均径流深236.5 mm。由于随海拔上升降水递增、蒸发递减，所以径流深亦随海拔上升而递增(表2-4)。由于乌鲁木齐河流域是冰雪补给为主的混合补给型河流，径流年际变化较小，年径流变差系数为0.146，但径流年内分配很不均匀，其特点是：春汛不明显，夏水集中，6—8月占70%以上，最大月径流发生在7月，最小月径流发生在2月；悬移质泥沙输移量主要发生在6—8月，约占年输移量的93%，其中7月最大，占年输移量的60%以上；泥沙含量最大值亦发生在7月，为1.16 kg/m³(图2-8)。

表2-4　乌鲁木齐河水文特征统计

站名	海拔/m	年均流量/(m³/s)	径流量/(×10⁸ m³)	径流深/mm	径流模数/[L/(s·km²)]
总控	3 408	1.2	0.135	478	41.9
跃进桥	2 336	4.2	1.24	400	12.7
英雄桥	1 920	7.68	2.427	258.5	8.3

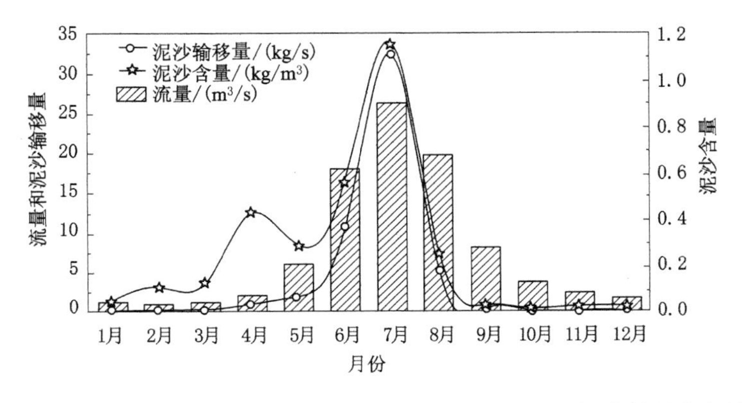

图2-8　乌鲁木齐河上游多年月平均输沙量、泥沙含量和流量(据英雄桥水文站数据)

2.3.2.1　降水

乌鲁木齐河河源区地势高寒，降水较多，河川径流量随集水面积的增加而增大，在出山口达到最大。根据降水和产流的特征，可将乌鲁木齐河流域山区分为四个产流区：跃进桥以上的高山带，冰川与永久积雪发育，属于冰雪融水径流区;跃进桥至后峡盆地之间为季节融雪和降雨径流区;后峡盆地至英雄桥之间为暴雨径流区;英雄桥以下为降雨径流区。

(1) 水气来源

乌鲁木齐河流域位于欧亚大陆腹地深处,远离海洋。然而,距离最远的大西洋和北极洋流的影响很大。此外,南亚气流和北部涡旋气流也会影响到该地区,而这两种气流受西北部强冷空气的控制,当冷空气气团变弱并向北收缩时,暖湿气流也向北移动,导致该地区气温逐渐上升,降雨量增加明显。

(2) 降水的空间变化

① 南多北少和山地多平原少是降水的空间分布特点。乌鲁木齐河流域上游年降水量可达 400～600 mm,准噶尔盆地北部南缘则只有 150～200 mm,体现出干旱地区降水稀少的特征。

② 流域降水的主要特征是垂直分带。随着海拔的上升,降水量也在不断增加。前山峡谷中部降水丰沛,在海拔 1 800 m 左右,年降水量在 500 mm 以上。而后随着海拔的增加而减小,自后峡往南直到山区的年降水量下降到 400 mm 左右。在高山鞍部附近,随着海拔的上升,降水量又呈现增加趋势,第二大降水带出现在冰川区的粒雪盆(约 4 400 m)内。降水高度的位置波动极大,一年四季都在变化移动,从山区到中山带、高山区,再从高山区到平原,最终在冬季出现在平原地区。

③ 平原和洼地的降水趋势是西部大于东部、北部大于南部。乌鲁木齐市北部平原以及市区和郊区年平均降水量相差不大,一般在 200 mm 左右。

(3) 降水量年内变化

乌鲁木齐河流域年降水量在时间和地域上存在着差异。夏季大于冬季,6—8 月最大,几乎占到全年降水量的一半以上,12 月至翌年 2 月仅占 10.0%。春季大于冬季,连续 4 个月最大降水量集中在 4—7 月。中科院天山冰川站记录的连续 4 个月(5—8 月)最大降水量占全年的 44.0%～88.0%,山区(5—8 月)占全年的 65.0%～88.0%,平原地区 4—7 月约占全年的 50.0%。

2.3.2.2 蒸散发

(1) 水面蒸散量

影响水面蒸散量的因素很多,而且各个因素的变化量也比较大。① 地域分布:山区蒸散量较小,平原地区较大;② 年分布:夏季蒸散量较小,冬季较大;③ 年际变化:虽然每年的变化略有不同,但总体上还是趋于一致的。

(2) 实际蒸散量

实际蒸散量包括土壤蒸散量和植物蒸腾量。北部平原地区年蒸散量大约是高山地表年蒸散量的3倍。

2.3.2.3 地表径流

流域内的河流均为内陆河流，从源头到尾流的流量逐渐减少。山区为河流的发源地，区域内降水丰沛，并有高山融雪和地下水的融汇。因此，上游的径流量在出山口达到最大，之后随着流域面积的增大而减小，直到流至水源稀缺的荒漠区。

(1) 河流的补给源

冰川融水、融雪水、降水和地下水是其主要的河流补给源。其中，冰川融水占11.1%，融雪水占32.5%，降水占22.5%，地下水占33.9%。其中：① 融雪水主要是春季积雪的融水和海拔3 500 m以上非冰川覆盖区夏季积雪的融水；② 流域降水主要集中在山区，其占夏季降水量的60.0%以上；③ 冰雪融水和雨水入渗是乌鲁木齐河地下水的主要来源，进入地下后注入河道，成为流域的二次补给源。尤其是10月至翌年3月，这一时期气温低，冰雪消融非常小，加之降水量减少，地下水成为流域的主要补给源。地下水对河流的补给量，根据英雄桥水文站资料估算，在山区约0.575×10^{9} m^{3}，占年出山径流量的48.0%。在外围冲洪积扇地带，由于地表水的渗漏，地下水十分丰富，据计算为2.107×10^{9} m^{3}(1959年)。

(2) 河流特征

根据补给源和地质地貌特征，主要可划分为以下几种类型：① 降水和冰雪融水补给为主，主要位于海拔3 500 m以上的极高山；② 降水和基岩裂隙水补给为主，位于海拔2 000～3 500 m的中山区；③ 泉水补给为主，如南山阴沟、庙尔沟、东山水磨沟和白杨河等，分布于前山区；④ 降水补给为主，如东山的花儿沟、祁家沟和碱沟及南山的大东沟等，位于前山地带。

(3) 年径流的空间特征

受自然地理条件的影响，垂直分带性明显，山区径流远比平原径流丰富。西部大于东部、北部大于南部是其径流深度的总体趋势。

2.3.3 水资源

2.3.3.1 地表水

喀拉乌成山的冰川储量较大，其冰川融水是重要的河流水资源。乌鲁木齐河和头屯河每年约有0.499×10^{9} m^{3}的冰川消融量。山区主要为流域径流形成区，夏季6—8月份的降水量大而集中，大部分降水直接或间接转化为地表径流。在平原和沙漠地区，降水量较小，除暴雨外，平常降水不易形成地表径流[34]。

该地区地表水资源量是指出山口的地表水量。根据该地区的实际情况和需要，按以下三个条件估算地表的水资源量：

(1) 依据观测资料的地表水资源：大西沟、头屯河、水磨沟和板房沟等河流年径流量为 4.60×10^9 m^3，占该地区水资源总量的 77.3%。其中，南山水系 2.91×10^9 m^3，东山水系 0.40×10^9 m^3，头屯河 1.29×10^9 m^3。

(2) 无观测资料的地表水资源：主要指小河流(小沟谷)，经实际调查资料估算，这类小河流的出山地表水量为 0.8024×10^9 m^3。其中，南山水系 0.2951×10^9 m^3，东山水系 0.5073×10^9 m^3。

(3) 前山区的地表水资源：根据降雨等值线和径流系统进行估算，地表水资源量为 0.5×10^9 m^3，占 9.3%。其中，南山水系 0.36×10^9 m^3，东山水系 0.19×10^9 m^3。地表水资源主要分布在前山区，多为间歇性河流，甚至干涸无水流，只有暴雨过后才有水流，没有稳定的供给意义，但对平原地区的地下水补给具有重要作用。

2.3.3.2 地下水

乌鲁木齐河流域地下水可分为两个区域：一个是山区地下水区域，另一个则是平原地下水区域。前者是基岩裂隙中流出来的水，后者是第四系地层中的孔隙水。

(1) 地下水储存

① 山区地下水区域：南山和东山作为基岩山区，地势高峻，气候寒冷，降水丰沛。由降水和融雪水渗入基岩裂隙和碎屑岩孔隙形成裂隙水，二者聚集融合后成为地下水。

② 平原地下水区域：a. 柴窝堡山间盆地亚区，南起大西沟口，北至乌拉泊水库大坝，这一区域的自流水量并不大；b. 乌鲁木齐市河谷亚区，南起乌拉泊水库大坝，北至鲤鱼山，潜水埋深浅，易于开采，为城市工业和生活用水以及农业灌溉的主要来源；c. 乌鲁木齐山前倾斜平原亚区，南起鲤鱼山和西山山前断裂带，北至古牧场隆起；d. 下游平原亚区，在古牧场北侧和猛进水库东侧，沉积了大量的湖泊和沼泽沉积物，北部边缘为风积沙。

(2) 地下水资源

地下水资源又称补给资源，是指一年内由各种途径进入含水层系统的补给总量。乌鲁木齐河流域的地下水补给资源总量约为 4.67×10^9 m^3，占总量 85.7% 的水资源为河水入渗，以及渠系、田间水和水库入渗。不参与地表水资源重复的侧向径流和降水入渗补给量为0.668 3×10^9 m^3，占14.3%。

2.3.3.3　水资源转化和总量与供需平衡

（1）水资源转化

由于地质构造、自然条件垂直分区、干旱沙漠气候和土壤状况等对乌鲁木齐河流域的影响，地表水与地下水之间既相互影响又紧密联系。乌鲁木齐河流域经天山山区、柴窝堡山间盆地、河谷地带、山前倾斜平原和下游平原五个相互关联的地质区域。通过河水与地下水之间的相互作用，构建了该区域独特的蓄水系统。山区基岩裂隙水流入河道，直到山区的地下水几乎全部转化为地表水[35]。在柴窝堡山间盆地和山前冲积扇裙部的渗漏再次转化为地下水，在南部地区，地下水位上升并转化为地表水，向北流经山谷进入山前平原，然后通过渗漏补给地下水。得到补充的地下水以泉水的形式出露在河流北岸，成为补充平原河流的水源。乌鲁木齐河河水和地下水反复循环是乌鲁木齐河河水自上而下持续流动的途径。

乌鲁木齐河由径流形成区到散失区顺次所穿越的地带以及地表水和地下水转化具体过程如下：

① 水资源的转换

南山地区基岩裂隙水量约1.20×10^9 m^3，其中1.04×10^9 m^3将会以地表水的形态流至柴窝堡盆地，这部分水资源占山区地下水资源总量的86.2%。未流入该流域的地下水仅为0.17×10^9 m^3，仅占13.8%。

② 地表水和地下水的转化

a. 柴窝堡盆地地表水和地下水的转化：该区域地表水与地下水的相互转化量很大，同时受人类社会活动的影响也很大。该区域地下水主要来自南山、大西沟、水西沟、小东沟和大东沟等河流以及灌溉渠道和农田的渗漏补给，占地下水综合补给资源的86.0%。山区降水和径流入渗的补给量为0.317 8×10^9 m^3，占地下水资源的14%。补给地下水后，渗流水向北流动，由于北部基岩山区的堵塞，而致使水位抬升。西山南部五道沟、大泉沟和小泉沟的大部分水形成泉水，其余部分向市区和北部平原流动。在灌溉农业开发前期的1958年，仅乌拉泊地区泉水溢出量就有1.06×10^9 m^3，大体代表和反映了自然条件下的水资源转化情况。20世纪80年代初期为0.63×10^9 m^3，与50年代末相比净减0.43×10^9 m^3，即41.0%。

b. 山前倾斜平原地表水和地下水的转化：进入该区域的地表水除由乌拉-红雁池水库的和平渠供水外，还有引入东干渠的头屯河和东山水系的供水，而地表水的主要用途是农田生产。在地表水与地下水的转化关系中，大部分的河流水、渠道水和田间水向地下水连续渗透，只有少量地下水转化成为地表水。

通常情况下，在北部冲洪积扇边缘可见大量泉水出露，并形成三大泉水水系，如老龙河、黑水河和十二户水系。

c. 平原区水资源的转化：指古牧场以北、猛进水库以东的冲洪积平原，以及往西头屯河和老龙河交错地带。该区域为结构复杂的潜水、承压水和深层自流水，主要水源是山前平原形成的地下水流，而浅层地下水的主要来源是沟渠流水和田间灌溉的渗漏水。

(2) 水资源总量

乌鲁木齐河流域地表水和地下水在成因上有着不可分割的联系，二者在运动循环中大数量地反复转化[36]。

乌鲁木齐河流域实际的水资源总量，应当等于流域的出山地表水量加上与地表水重复的地下水资源补给部分，减去流出计算区的地下径流部分。乌鲁木齐河流域总出山地表水资源量为 $5.76\times10^9\ m^3$，地下水侧向径流补给量为 $0.37\times10^9\ m^3$，地下水的降水入渗补给量为 $0.30\times10^9\ m^3$，北部流出流域的地下径流为零。因此，乌鲁木齐河流域的水资源总量为 $6.43\times10^9\ m^3$。

(3) 水资源供需平衡

① 可利用水量

乌鲁木齐河流域内的水资源，其地表水主要有南山水系 $3.43\times10^9\ m^3$，东山水系 $1.05\times10^9\ m^3$。此外，从头屯河流入该地区的地表水资源量为 $1.28\times10^9\ m^3$。因此，地表水资源总量为 $5.76\times10^9\ m^3$。

地下水资源补给：乌拉泊洼地 $1.76\times10^9\ m^3$，市区谷地 $0.94\times10^9\ m^3$，山前倾斜平原 $1.19\times10^9\ m^3$，北部平原 $0.78\times10^9\ m^3$。因此，地下水总补给量为 $4.67\times10^9\ m^3$。

地表水和地下水资源总量为 $10.43\times10^9\ m^3$，其中地表水资源向地下水资源转化的重复水为 $4\times10^9\ m^3$。

② 水资源利用现状

依据 1985 年的统计，乌鲁木齐河流域灌溉区农业、加工和绿化用水量分别为 $8.83\times10^9\ m^3$、$0.96\times10^9\ m^3$ 和 $0.85\times10^9\ m^3$（城市人口每人每天 164 L），年总用水量为 $10.61\times10^9\ m^3$。该用水量已超过正常年份乌鲁木齐河流域最大可利用水量 $10.43\times10^9\ m^3$，说明乌鲁木齐河流域水资源供需关系已越过临界点，处于负平衡状态。

③ 水资源供需平衡分析

乌鲁木齐河流域目前已开采的水资源理应满足需要，但农业和城市却感到用水紧张。除开发布局存在片面性，以农业为主而忽略了城市供水，缺乏保护水环境、维持生态平衡的指导思想，以及水利建设的效益较低。除水资源浪费严重的原因外，与内在规律有关，如农业用水的集中性与水资源形成及分布的矛盾、城市供水与水文地质条件的矛盾等。

解决这些问题，应在调整乌鲁木齐河流域水资源开发布局趋于合理的基础上，再从流域外调水。

2.4　土壤与植被

山地土壤随着海拔高度而变化。依次为高山寒漠土和高寒草甸土、亚高山草甸土、灰褐色森林土和栗钙土。平原地区的土壤种类繁多而复杂，灰色沙漠土分布在平原区上部。沼泽土、草甸土和盐渍土分布在平原下部。

流域内植被种类齐全，分布规律。各种农作物、饲料草、森林和果树等种植在南山平原、谷地和低山丘陵农业区以及南山 2 000 m 以下地区。山地草原覆盖率在 50.0%～60.0%，山地森林草原覆盖率在 60.0%～70.0%，亚高山草甸植被覆盖范围在 2 800 m 左右，以蒿草甸和合头草甸为主要植被类型，乌拉泊地区植被覆盖稀疏。全区域森林面积 40 667 hm^2(61 万亩)，森林覆盖率只有 2.33%，乌鲁木齐市城区植树造林率达 23.3%[37]。

2.4.1　土壤

土壤的垂直分布差异很大。海拔 3 600 m 以上主要为冰川和裸露基岩区，前者面积为 38.0 km^2，后者面积为 261.8 km^2。3 600～3 000 m 为高寒草甸土分布区，面积为 201.4 km^2；3 000～2 800 m 为亚高山草甸土，面积为 162.0 km^2；2 800～2 400 m 为山地草甸土，面积为 183.2 km^2；2 400～2 200 m 为山地重钙质土，面积为 34.6 km^2；2 200～1 800 m 为后峡盆地的板栗山地土，面积为 65.1 km^2；阴坡 2 600～1 800 m 为灰褐色森林土，面积为 123.2 km^2。土壤由于具有不同的物理性质和渗透性，对流域的影响也不尽相同[26]。研究区土壤水分物理特征见表 2-5。

表 2-5　乌鲁木齐河流域山区土壤水分物理特征

土壤类型	高山草甸土	亚高山草甸土	山地草甸土	山地黑钙土	山地栗钙土	灰褐色森林土
稳渗率/(mm/h)	52.1	164.0	—	—	121.8	233.7
表层田间持水率/%	44.8	58.1	41.9	40.6	29.3	32.9
表层饱和含水率%	59.1	71.5	60.4	61.1	49.2	22.9

2.4.2 植被

植被不仅能影响局部小气候,也对产汇流过程有着重要的调节作用。乌鲁木齐河上游植被具有明显但不完整的垂直分带性,草原和林地分布零乱、相互交错,林带的上限边界都缺乏明显的灌木过渡带等特点。

乌鲁木齐河流域植被的分布状况:

① 雪岭云杉,又名天山云杉,位于海拔 1 600～2 700 m 的中山地带。

② 桦树、密叶杨和白柳,集中分布在低山河谷中。

③ 金露梅、新疆圆柏和蔷薇等,主要分布于云杉林内和林缘区。

④ 针茅、羊茅和牧草等,分布在低山地带和森林带下限附近。

⑤ 高山带和谷地中土壤、水分和地形适宜条件下形成草甸草原。

2.5 泥沙输移特征

河流地貌的变化过程伴随着水流的侵蚀、输移和沉积作用。水沙运动是河流系统中作用于河床边界主要的外部作用力。

正确的水力测量方法是水力学研究的基础,而适当的采样分析技术能够保证水力学研究的精确性。水力学参数监测主要包括流速测量、推移质和悬移质的监测以及流量的水力学计算。本部分旨在描述野外测量方法同时探讨研究样品处理和分析方法。由此可以获得更加合理的数据分析方法。

2.5.1 推移质输沙特征

在乌鲁木齐河上游,固体输移是泥沙输移的主要方式,它占到了总输移质量的 80%。而在固体输移质中悬移质又占主导地位,推移质约占固体输移质总量的 20%～40%,但是单日测量数据变化很大,固体输移质的比例很可能从 0 到 90%之间剧烈变化。最大悬移率多出现在暴风雨天气,悬移质也可能包括来自山坡的大量细颗粒泥沙[38]。但是这三种输移方式中,对河道形式调整来说,河床质是最重要的。同一河段中,河床的形式和泥沙物质的输入、输出距离有着非常密切的关系。

通过大量的野外实测数据,获得了乌鲁木齐河上游推移质输沙率和流量的简易幂函数关系:$Q_b = 7.183Q^{1.726} \approx 7Q^2$。由此推断乌鲁木齐河上游 2002—2006 年间的推移质输沙、悬移质和径流的变化(图 2-9)。其中,流量和悬移质输沙率是实测数据,推移质输沙率数据是按照幂函数关系推算的。

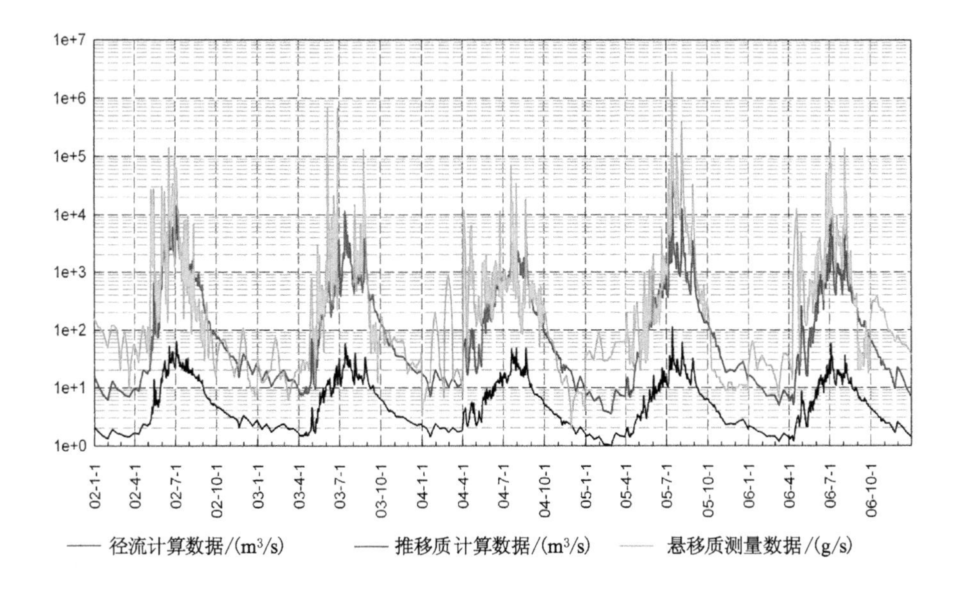

图 2-9　英雄桥水文站逐日流量、推移质输沙率(估算值)和悬移质输沙率(实测值)对比

2.5.2　悬移质输沙特征

部分学者认为，由于泥沙供给的高变性特征，悬移质输沙率不是河流流量的显函数[39-40]。但是针对乌鲁木齐河的研究表明，泥沙供给的高变性特征导致悬移质浓度和流量的关系图显示出一定的离散性，悬移质输沙率和流量之间存在幂数关系式：$Q_{susp}=24Q^{1.48}\approx 24Q^{1.5}$。由此估算，乌鲁木齐河上游年平均悬移质输移量为 1.46×10^{8} kg，占输移质量总量的 89%，占固体输移的 91%。

2.5.3　溶解质迁移特征

与悬移质输移相同，溶解质输移率(Q_{diss})一般用水流量(Q)的幂函数来表示，在稀释作用的影响下，溶解质浓度通常和流量成反比。低流量下的高浓度溶解质反映了冰川融水的离子组成，而高流量下的低浓度溶解质则反映了乌鲁木齐河上游降水和地表水的离子组成。溶解质输移率的表达式为 $Q_{diss}=27Q^{0.76}$，每年大约有 3 645 kg/km^2 的溶解质被流水输送到下游(3.41×10^{6} kg/a)，且约 60%的溶解质输移发生在汛期(6—8 月)。

总体而言，乌鲁木齐河上游年输沙总量约为 1.6×10^{8} kg，其中悬移质输移约为 1.46×10^{8} kg/a(约 89%)，推移质输移约为 0.144×10^{8} kg/a(约 8.8%)，

溶解质输移约为 0.034×10^8 kg/a(约 2.2%),见表 2-6。流域年平均输移量约为 0.17 kg/m^2,年平均侵蚀率约为 0.06 mm。

表 2-6 三种输沙形式的月平均和年平均统计表

项目	月平均输沙率/%												年平均输沙率/%	年平均输沙量/(×10^8 kg)
月份	1	2	3	4	5	6	7	8	9	10	11	12		
推移质	11.5	8.1	9	2.1	9.6	6.8	6.2	14.6	32.7	25.6	21.3	20.4	8.8	1.44
悬移质	48	61.4	54.8	93.2	82.7	91.7	92.8	82.9	49.8	42.8	31.8	26.2	89.0	1.46
溶解质	40.5	30.5	36.2	4.4	7.7	1.4	0.8	2.5	17.5	31.6	46.9	53.5	2.2	0.34

参考文献

[1] GUERIT L,BARRIER L,LIU Y C,et al. Uniform grain-size distribution in the active layer of a shallow,gravel-bedded,braided river (the Urumqi River,China) and implications for paleo-hydrology[J]. Earth surface dynamics,2018,6(4):1011-1021.

[2] 丁永建,叶柏生,韩添丁,等. 过去 50 年中国西部气候和径流变化的区域差异[J]. 中国科学,2007,34(2):206-214.

[3] 董小培. 乌鲁木齐河源区土壤微生物的时空分布特征[D]. 兰州:兰州大学,2010.

[4] 崔玉环,叶柏生,王杰,等. 乌鲁木齐河源 1 号冰川水文断面不同时间尺度径流估算[J]. 干旱区资源与环境,2013,27(7):119-126.

[5] 李忠勤,叶柏生. 天山冰川观测试验站 10 年来的回顾与展望[J]. 冰川冻土,1998(3):3-5.

[6] 韩添丁,丁永建,焦克勤,等. 天山乌鲁木齐河源冰雪径流的极值分析[J]. 冰川冻土,2005,27(2):276-281.

[7] ZHAO J D,ZHOU S Z,HE Y Q,et al. ESR dating of glacial tills and glaciations in the Urumqi River headwaters,Tianshan Mountains,China[J]. Quaternary international,2005,144(1):61-67.

[8] YANG D Q,LIU B Z,YE B S. Stream temperature changes over Lena River Basin in Siberia[J]. Geophysical research letters,2005,32(5):1-5.

[9] WU G J,YAO T D,THOMPSON L G,et al. Microparticle record in the

Guliya ice core and its comparison with polar records since the last interglacial[J]. Chinese science bulletin,2004,49(6):607-611
[10] YI C L,DORTCH J M,ZHOU L P,et al. Quaternary paleoenvironmental change and landscape development in Tibet and the bordering mountains [J]. Quaternary international,2011,236(1):1-2.
[11] LIU Y C,WU J,LIU Y,et al. Analyzing effects of climate change on streamflow in a glacier mountain catchment using an ARMA model[J]. Quaternary international,2015,358:137-145.
[12] CUI Y H,YE B S,WANG J,et al. Influence of degree-day factor variation on the mass balance of glacier No. 1 at the headwaters of Urumqi River,China[J]. Journal of earth science,2013,24(6):1008-1022.
[13] 韩添丁,叶柏生,丁永建,等. 乌鲁木齐河流域径流增加的事实分析[J]. 冰川冻土,2005(5):655-659.
[14] 霍丽,龚建新,王作彬. 乌鲁木齐河枯水径流变化趋势分析[J]. 新疆水利,2007(4):25-28.
[15] SUN C J,LI W H,CHEN Y N,et al. Isotopic and hydrochemical composition of runoff in the Urumqi River,Tianshan Mountains,China[J]. Environmental earth sciences,2015,74(2):1521-1537.
[16] 刘友存,刘志方,郝永红,等. 基于交叉小波的天山乌鲁木齐河出山径流多尺度特征研究[J]. 冰川冻土,2013,35(6):1564-1572.
[17] 刘友存,霍雪丽,郝永红,等. 天山乌鲁木齐河上游径流极值变化分析研究[J]. 冰川冻土,2013,35(5):1248-1258.
[18] 苏珍,施雅风,郑本兴. 贡嘎山第四纪冰川遗迹及冰期划分[J]. 地球科学进展,2002(5):639-647.
[19] 周尚哲,焦克勤,赵井东,等. 乌鲁木齐河河谷地貌与天山第四纪抬升研究[J]. 中国科学,2002(2):157-162,178.
[20] LIU Y,MÉTIVIER F,GAILLARDET J,et al. Erosion rates deduced from seasonal mass balance along the upper Urumqi River in Tianshan [J]. Solid earth,2011,2(2),283-301.
[21] ZHOU S Z,JIAO K Q,ZHAO J D,et al. Geomorphology of the Urumqi River Valley and the uplift of the Tianshan Mountains in Quaternary [J]. Science China(Earth sciences),2002,45(11):961-968.
[22] ARNOLD J G,WILLIAMS J R,NICKS A D,et al. SWRRB:a basin scale

simulation model for soil and water resources management[M]. Texas: Texas A & M University Press,1990.

[23] GAO X,YE B S,ZHANG S Q,et al. Glacier runoff variation and its influence on river runoff during 1961—2006 in the Tarim River Basin,China [J]. Science China(Earth sciences),2010,53(6):880-891.

[24] 倪晋仁,王光谦. 泥石流的结构两相流模型:Ⅰ. 理论[J]. 地理学报,1998(1):67-77.

[25] 许炯心,蔡强国,李炳元,等. 中国河流地貌研究进展:纪念沈玉昌先生100年诞辰[J]. 地理学报,2016,71(11):2020-2036.

[26] 施雅风,曲耀光. 乌鲁木齐河山区水资源形成和估算[M]. 北京:科学出版社,1992.

[27] LIU Y C,LIU C Q,MÉTIVIER F,et al. Analysis on streambed evolution in gravel-bed streams,Urumqi River[C]. Proceedings of 2011 international symposium on water resource and environmental protection,2011.

[28] 沈玉昌. 沈玉昌与中国现代地貌学[J]. 地理研究,1997(1):77-84.

[29] 李开明,钟晓菲,姜烨,等. 1961—2016年乌鲁木齐河流域气温和降水垂直梯度变化研究[J]. 冰川冻土,2018,40(3):607-615.

[30] 折远洋,李忠勤,张明军,等. 近51 a来乌鲁木齐河源区径流特征及对气候变化的响应[J]. 干旱区资源与环境,2012,26(12):113-118.

[31] 舒朴成. 乌鲁木齐河流域水库群防洪调度研究[D]. 乌鲁木齐:新疆农业大学,2010.

[32] 商沙沙,廉丽姝,马婷,等. 近54 a中国西北地区气温和降水的时空变化特征[J]. 干旱区研究,2018,35(1):68-76.

[33] 穆艾塔尔·赛地,阿不都·沙拉木,崔春亮,等. 新疆天山北坡山区流域水文特征分析[J]. 水文,2013,33(2):87-92.

[34] 许君利,刘时银,张世强,等. 塔里木盆地南缘喀拉米兰河克里雅河流内流区近30 a来的冰川变化研究[J]冰川冻土,2006,28(3):312-318.

[35] 徐继红. 乌鲁木齐河流域60余年降水量的Morlet小波分析[J]. 水资源开发与管理,2018(3):70-72.

[36] 陈荷生. 水在克里雅河流域生态地理环境中的作用[J]. 中国沙漠,1988,8(2):38-53.

[37] 丁程锋,张绘芳,李霞,等. 天山中部云杉天然林水源涵养功能定量评估:以乌鲁木齐河流域为例[J]. 生态学报,2017,37(11):3733-3743.

[38] 张东海，朱文泉，郑周涛，等. 近 9 a 来乌鲁木齐河流域中上游土地利用/覆盖及其质量变化分析[J]. 干旱区地理，2016，39(6)：1334-1341.
[39] TFWALA S S，WANG Y M. Estimating sediment discharge using sediment rating curves and artificial neural networks in the Shiwen River，Taiwan [J]. Water，2016，8(2)：53.
[40] KNIGHTON D. Fluvial forms and processes[M]. London：Edward Arnold Ltd.，1984.

第3章　乌鲁木齐河流域气候变化特征

除气象观测项目主要有气温、降水、湿度、蒸发、地温和日照等外，同时还有冰川和水文观测等。本章所用到的观测资料见表3-1。

表3-1　观测站点和所用资料

观测站点	数据分类
乌鲁木齐河源1号冰川	冰川物质平衡和变化
空冰斗水文气象观测点	径流量、气温、降水、蒸发
1号冰川水文气象观测点	径流量、气温、降水
大西沟气象站	气温、降水
总控水文气象观测点	降水、积雪、冰川、冻土、径流量
跃进桥水文站	气温、降水、蒸发
后峡基地站气象观测场	径流量、气温、降水、季节冻土温度、气温、水分
英雄桥水文站	气温、降水、蒸发、气压
乌鲁木齐气象站	气温、降水

后峡基地站气象观测场位于乌鲁木齐河流域后峡中科院天山冰川站院内，海拔2 130 m。除观测常规气象要素外，还监测季节冻土温度和水分等。

英雄桥水文站位于乌鲁木齐河流域前峡出山口附近，海拔1 920 m，它是该流域出山口径流的控制站。观测内容以水文要素为主，但同时观测相关的气象要素如气温、降水、蒸发和气压等。

乌鲁木齐气象站位于乌鲁木齐市天山区东大梁，为国家常规气象站，海拔735 m，以常规气象要素观测为主[1]。

本章采用Jones等[2]建立的序列统计方程，对乌鲁木齐河流域七个站点的降水量和气温进行加权分析，用来估计流域降水量和平均气温。流域降水量和平均气温按下式计算：

$$T_i = \sum_{j=1}^{n} a_j t_{ij}, \quad R_i = \sum_{j=1}^{n} a_j r_{ij} \tag{3-1}$$

式中　T_i、R_i——流域第 i 年的平均气温和降水量，℃和 mm；

t_{ij}、r_{ij}——第 i 年 j 代表站的平均气温和降水量，℃和 mm；

a_j——j 代表站的权重值。

本章主要是确定各站点的权重值，通过泰森多边形法和流域控制面积的结合而得出[3-4]。以时间为自变量、要素为因变量，以气象要素的时间序列建立回归方程，设 y 为某一气象要素变量，t 为时间（年或月），建立 y 与 t 之间的一元线性回归方程，其趋势变化率为：

$$y'(t) = b_1 t + b_0 \tag{3-2}$$

单位为℃/10 a 或 mm/10 a，$b_1 \times 10$ 被称为变化年代倾向率，其趋势方程中 b_1 的计算式为：

$$\frac{\mathrm{d}y'(t)}{\mathrm{d}t} = b_1 \tag{3-3}$$

其中

$$b_1 = \sum_{i=1}^{n}(y_i - \bar{y})(t_i - \bar{t}) \Big/ \sum_{i=1}^{n}(t_1 - \bar{t})^2 \tag{3-4}$$

式中，$b_1 > 0$ 表示呈上升趋势，$b_1 < 0$ 表示呈下降趋势。因此，其变化趋势上升或者下降的程度可以通过 b_1 绝对值的大小来反映[5-6]。

时间序列趋势检验法是采用 Mann-Kendall 法对气温、降水和蒸散量进行检验[7-8]，对于具有 n 个样本量的时间序列 x，构造秩序列[9]：

$$S_k = \sum_{i=1}^{k} r_i \quad (k = 2,3,\cdots,n) \tag{3-5}$$

其中

$$r_i = \begin{cases} +1, x_i > x_j \\ 0, x_i \leqslant x_j \end{cases} \quad (j = 2,3,4,\cdots,n) \tag{3-6}$$

可以看出，第 i 时刻数值大于第 j 时刻数值个数的累计数是秩序列 S_k。在时间序列随机独立的假设下，定义统计量[10]：

$$UF_k = \frac{[S_k - E(S_k)]}{\sqrt{\mathrm{var}(S_k)}} \quad (k = 2,3,4,\cdots,n) \tag{3-7}$$

式中，累计数 S_k 的均值和方差是 $E(S_k)$ 和 $\mathrm{var}(S_k)$，当 $x_1, x_2, \cdots, x_n$ 相互独立且具有相同连续分布时，可由下式计算出：

$$\begin{cases} E(S_k) = \dfrac{n(n+1)}{4} \\ \mathrm{var}(S_k) = \dfrac{n(n-1)(2n+5)}{72} \end{cases} \tag{3-8}$$

UF_i 是正常的正态分布，它是统计量序列（按时间序列 x 顺序 $x_1, x_2, \cdots, x_n$ 计算得出），给定显著性水平 α，查正态分布表，若 $|UF_i| > U_\alpha$，则表明序列存在明显的趋势变化。若 $\alpha = 0.05$，临界线 $U = 1.96$[11]。

气候变量偏离正常条件则用距平表示，$x_i - \bar{x}$ 表示在一组数据的某一个数 x_i 与均值 $\bar{x}$ 之间的差距平，距平序列 $x_1 - \bar{x}, x_2 - \bar{x}, \cdots, x_n - \bar{x}$ 是可以由气候变量的一组数据 $x_1, x_2, \cdots, x_n$ 与其均值的差异构成。在气候分析中，气候变量本身的观测数据可被常用距平序列所代替。因此，为了分析便利，使计算结果更直观，可以经过处理距平，将任意一系列气候变量转化为一个平均值为 0 的序列[12]。

对于序列 x，其某一时刻 t 的累计距平可表示为：

$$y_t = \sum_{i=1}^{t} (x_i - \bar{x}) \quad (t = 1, 2, 3, \cdots, n) \tag{3-9}$$

绘制出累计距平曲线，进行趋势分析，也就是计算 n 个时刻的累计距平值，曲线呈上升趋势，与距平值成正比。因此，判断其变化的趋势，可以从曲线的明显起伏现象看出，并且有时还可以推断出其发生较大变化的大致时间。

气候年代倾向率：n 个时刻（年）的要素序列与自然数列 1，2，3，…，n 相关系数：

$$r_{xt} = \sum_{i}^{n} (x_i - \bar{x})(i - \bar{t}) \Big/ \sqrt{\sum_{i=1}^{n} (x_i - \bar{x})^2 \sum (i - \bar{t})^2} \tag{3-10}$$

式中　n——年数；

x_i——第 i 年要素值。

$\bar{x}$为其样本均值，$\bar{t} = (n+1)/2$，该要素在计算过程中为正值则表示其在所计算的 n 年内是线性增长的趋势，为负值则相反。

年径流量的变差系数值主要是反映年径流量变化幅度的特征，其计算公式为：

$$C_v = \sqrt{\sum_{i=1}^{n} \frac{(K_i - 1)^2}{n - 1}} \tag{3-11}$$

式中　n——观测年数；

K_i——第 i 年的年径流变率。

为了方便在两种不同情况下对两者进行对比，消除年径流量 C_v 值的影响，用 $(K-1)/C_v$ 对流量进行归一化处理，计算其差积曲线来表现流量的阶段性变化，纵坐标可表示为 $\sum (k-1)/C_v$，其中 K 由 $Q_i / \overline{Q}$ 求得。

在一定气象条件下，当供水不受限制时，大气下层直接接触的地表面是潜在的蒸散量。Penman、Thornthwaite 和 Selianinov 模型都是估算潜在蒸散量的模型。本书采用联合国粮食及农业组织(FAO)1998 年修订的仿真效果更加准确的 Penman-Monteith 模型,计算公式如下:

$$ET_0 = \frac{0.408\Delta(R_n - G) + \gamma \dfrac{900}{T + 273}U_2(e_s - e_a)}{\Delta + \gamma(1 + 0.34U_2)} \tag{3-12}$$

式中　ET_0——潜在蒸散量,mm/d;

R_n——净辐射,$MJ/(m^2 \cdot d)$;

G——土壤热通量,$MJ/(m^2 \cdot d)$;

γ——干湿常数,kPa/℃;

Δ——饱和水汽压曲线斜率,kPa/℃;

U_2——2 m 高处的风速,m/s;

e_s——平均饱和水汽压,kPa;

e_a——实际水汽压,kPa;

T——平均气温,℃。

$$R_n = (1 - \alpha)\left(a_s + b_s \frac{n}{N}\right)R_a - \sigma\left(\frac{T_{max}^2 + T_{min}^4}{2}\right)(0.56 - 0.08\sqrt{e_a})\left(0.1 + 0.9\frac{n}{N}\right) \tag{3-13}$$

式中　α——地表反射度,取值 0.23;

a_s——云全部遮盖下($n=0$)大气外界辐射到达地面的分量;

b_s——晴天($n=N$)大气外界辐射到达地面的分量;

R_a——大气顶层的太阳辐射,$MJ/(m^2 \cdot d)$;

n——实际日照时数,h;

N——最大日照时数,h;

σ——波尔兹曼常数,4.903×10^{-9} $MJ/(K^4 \cdot m^2 \cdot d)$;

T_{max}——最高绝对气温,K;

T_{min}——最低绝对气温,K。

据侯光良等[13]对中国多年实测辐射数据的经验回归系数,研究区的 a_s 和 b_s 分别取值 0.207 和 0.725。因此有:

$$G = 0.14(T_i - T_{i-1}) \tag{3-14}$$

式中　T_i——第 i 月的平均气温,℃;

T_{i-1}——第 $i-1$ 月的平均气温,℃。

$$\gamma = \frac{c_p p}{\varepsilon\lambda} = \frac{1.012 \times 10^{-3} p}{0.622\lambda} \tag{3-15}$$

式中　p——大气压(kPa)，$p=101.3\times\left(\frac{293-0.0065h}{293}\right)^{5.26}$，$h$ 为海拔高度(m)；

λ——蒸发的潜热系数，$\lambda=2.501-0.002361T$，T 为平均气温，℃；

c_p——在标准大气压下的特定热量值；

ε——水蒸气和干空气的分子质量比，$\varepsilon=0.622$。

3.1　流域气温变化特征

3.1.1　平均气温月变化特征

乌鲁木齐河流域的月平均气温相差很大(图 3-1)。由图 3-1 可以看出，1—3 月和 11—12 月的平均气温均低于 0 ℃。随着季节的变化，气温逐渐升高，7 月达到最高。而在 7 月底以后，气温呈指数下降趋势。1974 年 7 月平均气温最高为 15 ℃。1969 年 1 月最低气温为－19.0 ℃ 。

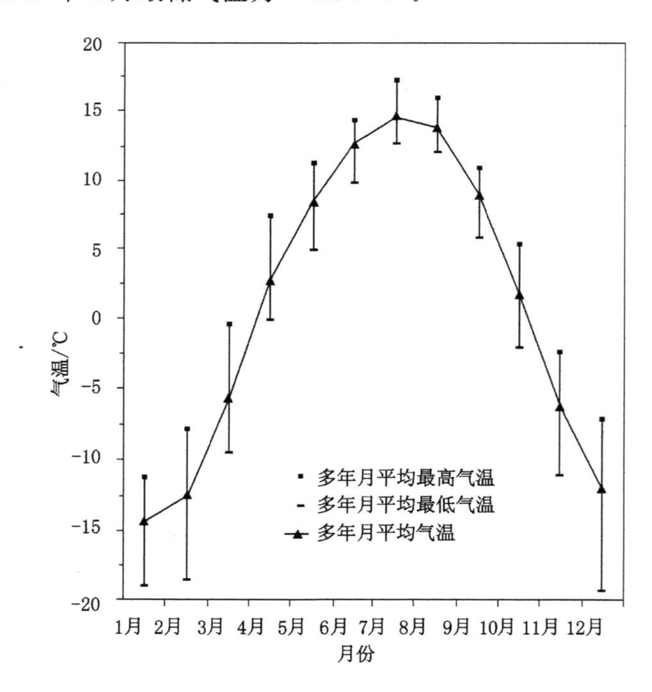

图 3-1　乌鲁木齐河流域平均气温的月变化

3.1.2　平均气温季节变化特征

年平均气温的年际变化并不能直观地反映气候内部的变化特征[14]。由资料分析和图件显示,季节变化明显是乌鲁木齐河流域气温变化的一大特点。乌鲁木齐河流域平均气温的季节变化如图 3-2 所示。

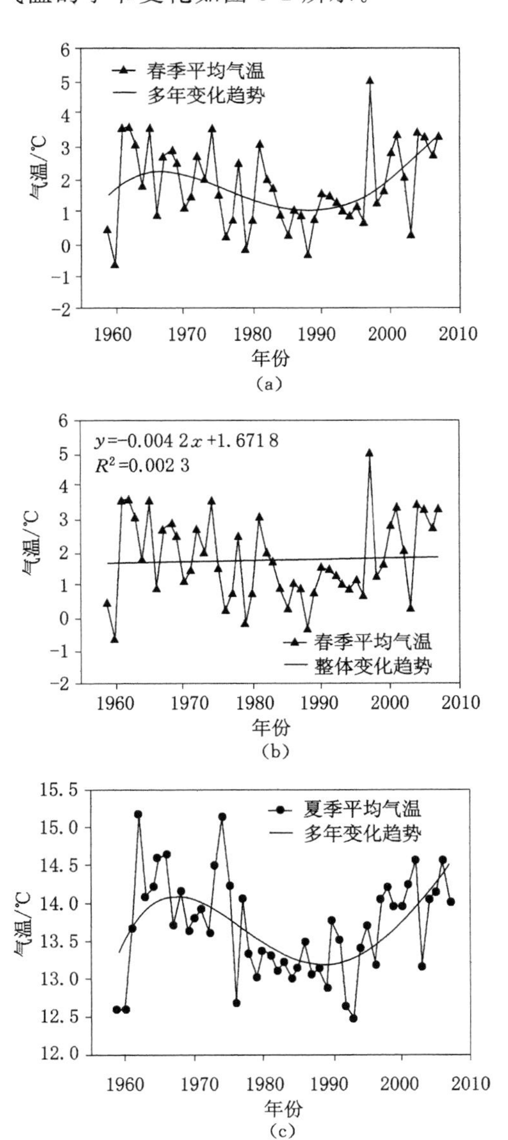

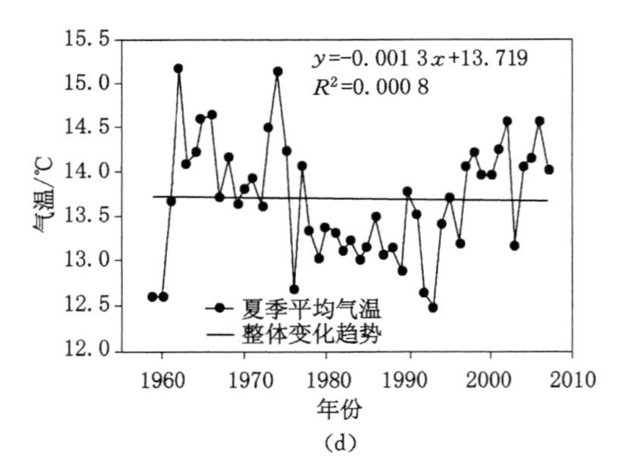

y=-0.001 3x+13.719
R²=0.000 8
气温/℃
夏季平均气温
整体变化趋势
年份
15.5
15.0
14.5
14.0
13.5
13.0
12.5
12.0
1960
1970
1980
1990
2000
2010

(d)

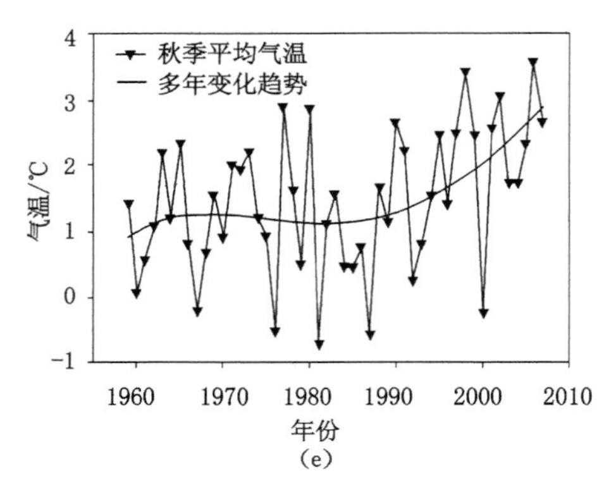

秋季平均气温
多年变化趋势
气温/℃
年份
4
3
2
1
0
−1
1960
1970
1980
1990
2000
2010

(e)

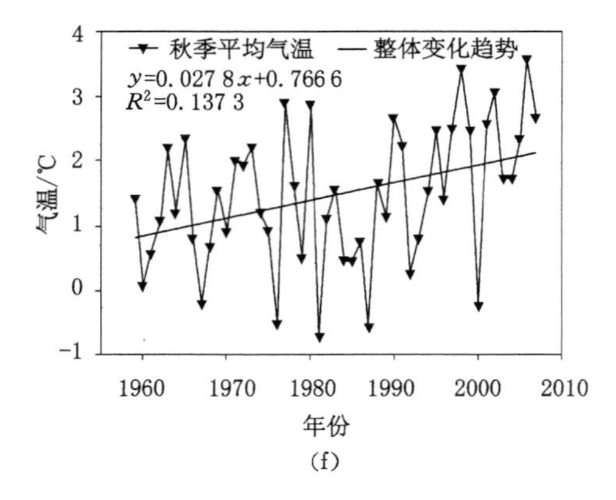

秋季平均气温
整体变化趋势
y=0.027 8x+0.766 6
R²=0.137 3
气温/℃
年份
4
3
2
1
0
−1
1960
1970
1980
1990
2000
2010

(f)

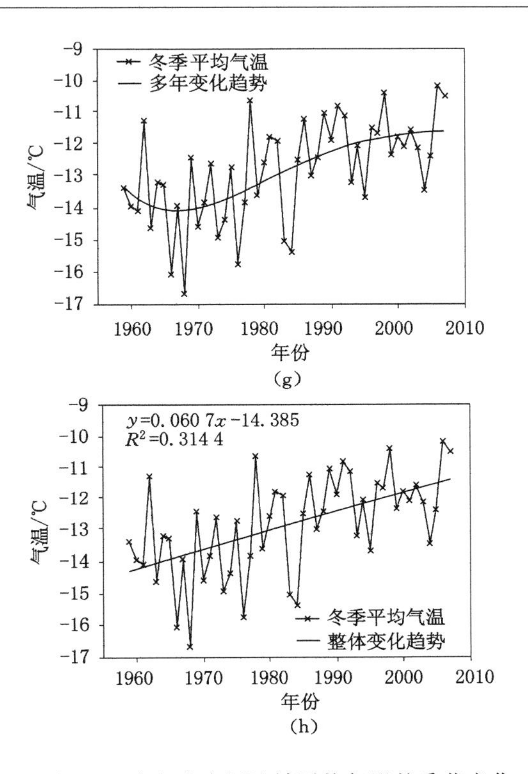

图 3-2　乌鲁木齐河流域平均气温的季节变化

表 3-2 为乌鲁木齐河流域全年、季节和年代气温距平及变化年代倾向率。从历年气温变化趋势来看，春、夏季节的气温是先升后降，20 世纪 90 年代后持续上升。秋季的气温在 90 年代前几乎没有变化，但在 90 年代后开始上升。冬季气温在 70 年代前呈下降趋势，随后缓慢上升。

表 3-2　乌鲁木齐河流域全年、季节和年代气温距平(℃)及变化年代倾向率(℃/a)

年代	20 世纪 60 年代	20 世纪 70 年代	20 世纪 80 年代	20 世纪 90 年代	2001—2007 年	1959—2007 年
	年代气温距平				变化年代倾向率	
全年	0.0	−0.2	−0.4	0.2	0.8	0.22
春季	0.7	−0.3	−0.6	−0.1	0.8	0.02
夏季	0.5	0.1	−0.5	−0.2	0.4	−0.01
秋季	−0.4	0.1	−0.6	−0.2	1.0	0.27
冬季	−1.1	−0.6	0.3	1.0	1.1	0.61

从总体变化趋势来看，除夏季外，其他季节气温呈上升趋势，而冬季的上升趋势最为明显。虽然夏季气温从 20 世纪 90 年代中期后呈现上升趋势，但过去总变化趋势是略有下降的。

不同年代的气温变化是不一致的。20 世纪 60 年代，气候变暖主要发生在春季和夏季；70 年代，主要发生在夏季和秋季；80 年代，除冬季外，春、夏和秋季的平均气温均有所下降；90 年代的气候变暖发生在秋季和冬季；从 2001 年到 2007 年，四个季节的变暖都是明显的。总体而言，春季和秋季气候变暖在加剧，而秋季和冬季更为明显。

3.1.3 平均气温年际变化特征

乌鲁木齐河流域的年平均气温自 20 世纪 80 年代中期以来大幅上升，这可以从 1959—2007 年乌鲁木齐河流域年平均气温和累计距平看出(图 3-3)。

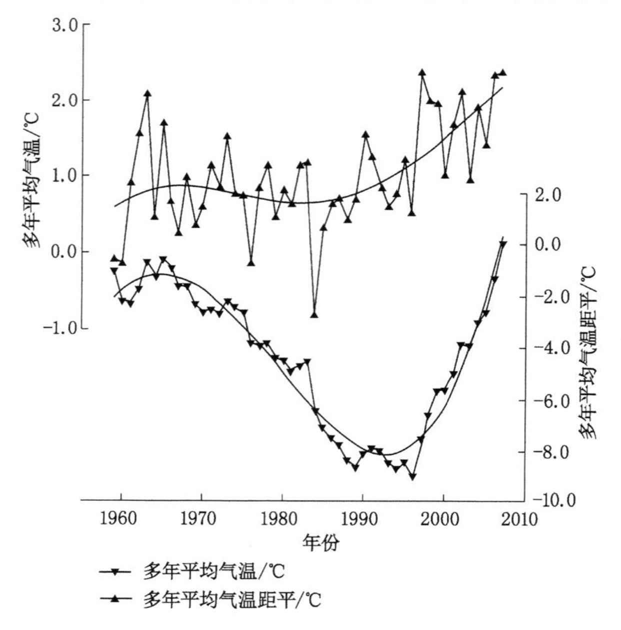

图 3-3 乌鲁木齐河流域多年平均气温和累积距平

总体来看，乌鲁木齐河流域的年平均气温呈现上升趋势，为 0.22 ℃/10 a。60 年代、70 年代、80 年代和 90 年代的年平均气温分别为 1.0 ℃、0.8 ℃、0.6 ℃和 1.2 ℃。进入 21 世纪后，平均气温为 1.8 ℃，达到最高值。其中，1984 年最低，为 −0.8 ℃；1997 年最高，为 2.4 ℃。盆地平均气温为 1.0 ℃，60 年代、70 年代、80

年代和 90 年代分别为 0.0 ℃、−0.2 ℃、−0.4 ℃和 0.2 ℃，21 世纪后为 0.8 ℃，平均气温出现异常。根据乌鲁木齐河流域累积气温曲线图，在 20 世纪 90 年代中后期存在明显的上升趋势，1996—2007 年的年平均气温比 1959—1995 年的年平均气温上升了 0.9 ℃。

在全球气候变暖背景下，气温的升高是多方面原因造成的[15]。如图 3-4 所示，选取最长的时间序列数据，对 1959—2007 年河源区大西沟气象站和乌鲁木齐气象站的年平均气温进行比较。可以看出，乌鲁木齐市的年平均气温从 20 世纪 60 年代上升至 80 年代中期，此后缓慢下降；而河源地区的年平均气温一直在缓缓下降，直到 80 年代中期，两地气象站的年平均气温才呈现上升趋势。1960 年是乌鲁木齐年平均气温最低的年份，为 4.9 ℃；1999 年为最高年份，为 8.9 ℃ 。河源地区年平均最低气温出现在 1984 年，为 −6.8 ℃；最高出现在 2007 年，为 −3.8 ℃。20 世纪 90 年代中期以后（1996—2007 年），乌鲁木齐和河源地区的年平均气温比前 37 年（1959—1995 年）分别上升了 0.9 ℃和 1.1 ℃。

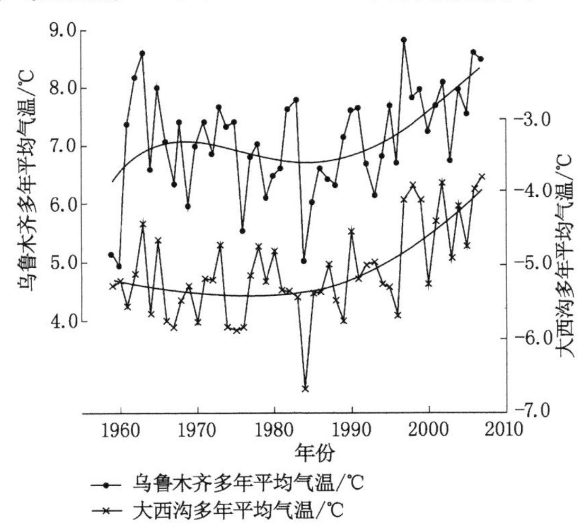

图 3-4　1959—2007 年乌鲁木齐气象站和大西沟气象站多年平均气温

3.1.4　气温突变和周期分析

在 Mann-Kendall 突变检测曲线图中，序列的突变是当 UF 与 UB 在临界值 ±1.96（$\alpha=0.05$）处存在明显的交叉，且 UF 的上升大于 +1.96 或下降小于 −1.96，前者是由低突变到高突变，后者是由高突变到低突变，交叉点是突变的开始[16-18]。

运用上述方法对乌鲁木齐河流域年平均气温和降水序列的突变进行分析，平均气温由低到高的突变发生在 1995 年。为了查明流域内不同地点的气温突变规律，又对大西沟气象站和乌鲁木齐气象站年平均气温序列中的较长信息进行了分析。结果显示，1996 年大西沟气象站的气温从低到高，发生突变；1997 年和 2001 年，乌鲁木齐气象站气温存在突变(图 3-5)。

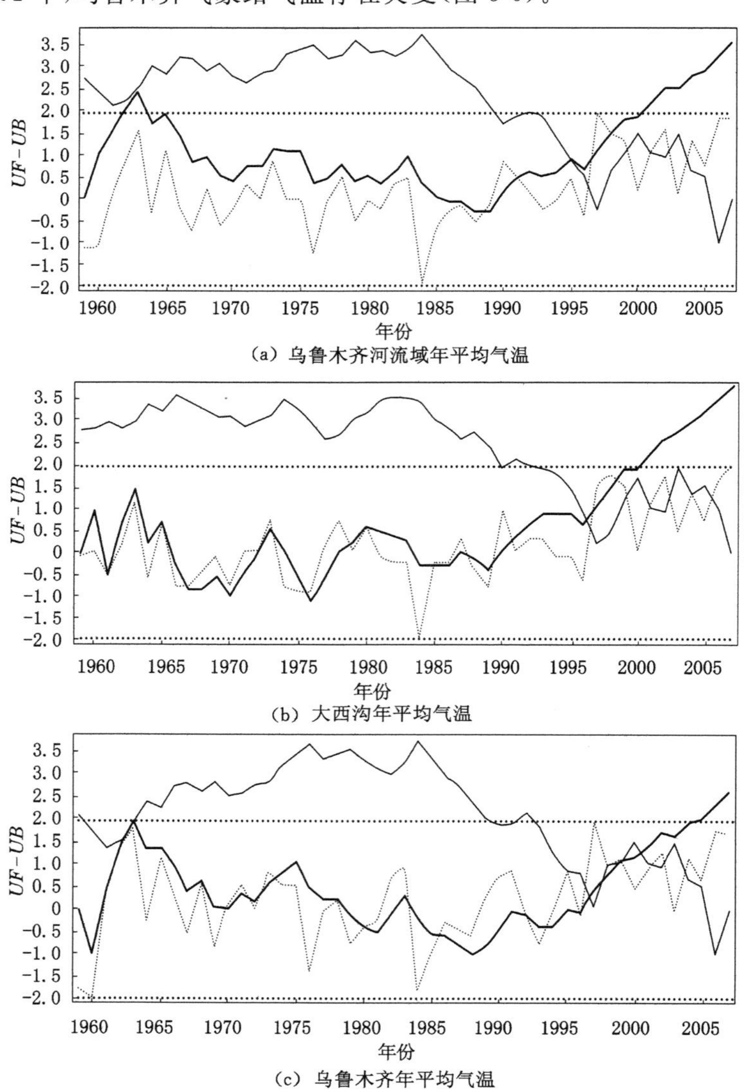

图 3-5　乌鲁木齐河流域气温 Mann-Kendall 突变检测曲线

对乌鲁木齐河流域的气温和周期分析采用了小波分析法[19-20]，且小波分析的相关计算是通过 Matlab 软件包中的小波工具箱完成的。为了获取长时间序列的分析结果，本书选取了河源区大西沟气象站、中游英雄桥水文站和下游乌鲁木齐气象站等长时间序列数据[21]。

如图 3-6 所示，1959—2007 年河源区大西沟气象站气温异常序列的复值 Morlet 小波变换的实部可清楚地看到，年平均气温异常序列具有明显的周期变化。在 1967—1992 年振荡中，有两个明显的部分为多中心。两个最小的中心分别于 1979 年和 2004 年建立，气温异常序列在大约 11 a 中最为明显。在大约 11 a 的范围内，1965 年、1973 年、1981 年、1991 年、2003 年和 2006 年为 6 个高中心，1960 年、1970 年、1976 年、1986 年、1995 年和 2003 年为 6 个低中心。

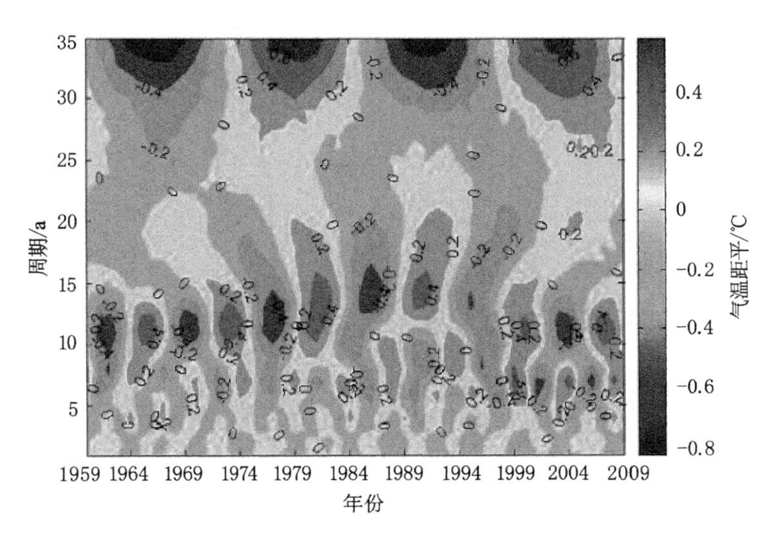

图 3-6　大西沟气象站年平均气温距平序列的复值 Morlet 小波变换

图 3-7 所示为乌鲁木齐气象站年平均气温异常序列的 Morlet 小波变换的真实部分。可以看出，年平均气温的振荡周期同样在大约 11 a 内最为明显。分布有 6 个以上的部分高中心和 6 个低中心，1964 年是多中心的重要组成部分，1960 年和 1969 年同样是两个重要的组成部分。

乌鲁木齐河流域年平均气温在 20 世纪 80 年代中期前略有下降，中期后明显上升。自 20 世纪 90 年代中期后，河源区变暖速度加快，尤其是在春季、秋季和冬季，而以秋季和冬季的气温上升趋势最为显著。虽然 20 世纪 90 年代以后夏季气温呈上升趋势，但总的气温变化趋势是略有下降的，不同年代

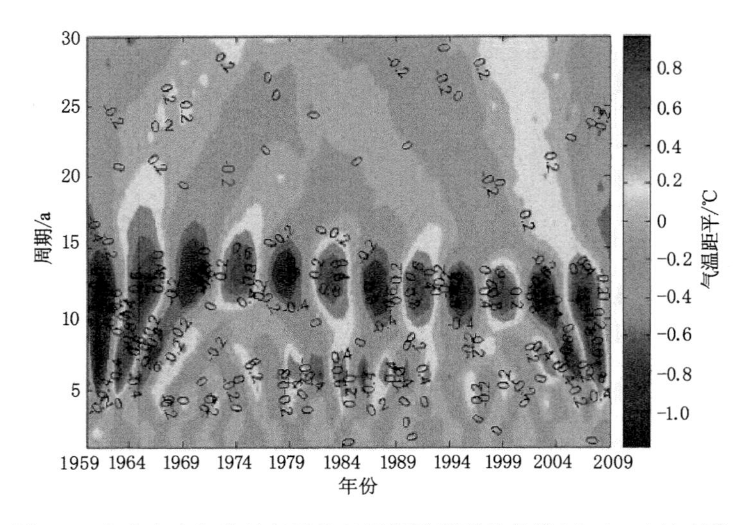

图 3-7　乌鲁木齐气象站年平均气温距平序列的复值 Morlet 小波变换

的气温变化也是不一致的。20 世纪 60 年代气候变暖发生在春季和夏季；70 年代发生在夏季和秋季；80 年代除冬季外，春季、夏季和秋季的平均气温均有所下降；90 年代的气候变暖则发生在秋季和冬季；从 2001 年到 2007 年，季节性的变暖是明显的。一般来说，气候变暖在春季和秋季加剧，而秋季和冬季则更为显著。

3.2　流域降水量变化特征

3.2.1　平均降水量月变化特征

乌鲁木齐河流域平均降水量的月变化趋势十分显著，主要集中在 6 月、7 月和 8 月，1 月、11 月和 12 月较少(图 3-8)。资料表明，月最大降水量出现在 7 月，这和月最高气温出现月份一致。月最大值出现 1996 年 7 月，为 184.5 mm；月最小值出现在 1967 年 12 月，为 0.2 mm。

3.2.2　平均降水量季节变化特征

为了更深入地了解流域降水量变化特点，对流域的季节降水量进行了分析(图 3-9)。从图 3-9 中可以看出，流域内春、夏、秋和冬四季的降水量总体呈上升趋势。其中，夏季和冬季降水量变化趋势率分别为 15.1 mm/10 a 和 4.3 mm/10 a，

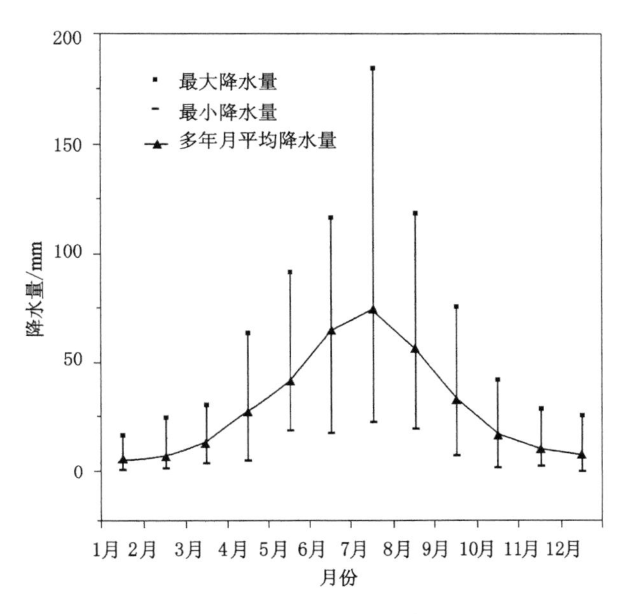

图 3-8 乌鲁木齐河流域多年平均降水量的月变化

增加是比较明显的。乌鲁木齐河流域的降水量是夏季多,而秋季少。1991—2007年与1959—1990年相比,前者夏季降水量增加了53.8 mm,即30.3%;冬季增加了10.8 mm,即63.2%;秋季却下降了3.3 mm,即5.4%。

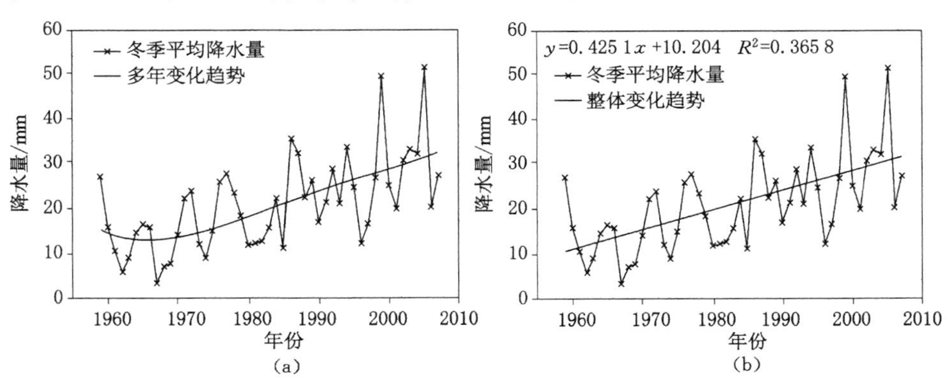

图 3-9 乌鲁木齐河流域平均降水量的季节变化趋势

根据降水量的多年变化趋势,20世纪70年代以前,春季、夏季和秋季降水量呈下降趋势;70年代至80年代中期,先呈逐渐上升趋势,后呈下降趋势。冬季降水量在20世纪60年代中期以前略有下降,而后一直上升。

3.2.3 平均降水量年变化特征

中、高纬度的大陆地区降水量在 20 世纪 80 年代和 90 年代大幅度增加。近些年来，新疆年平均降水量发生了波动，从降水异常变化曲线来看，降水量总体上是增加的，但秋季相对春、冬季较小。

分析乌鲁木齐河流域降水量的变化，首先计算出流域年平均降水量，而后绘制出降水量变化的时间序列图（图 3-10）。

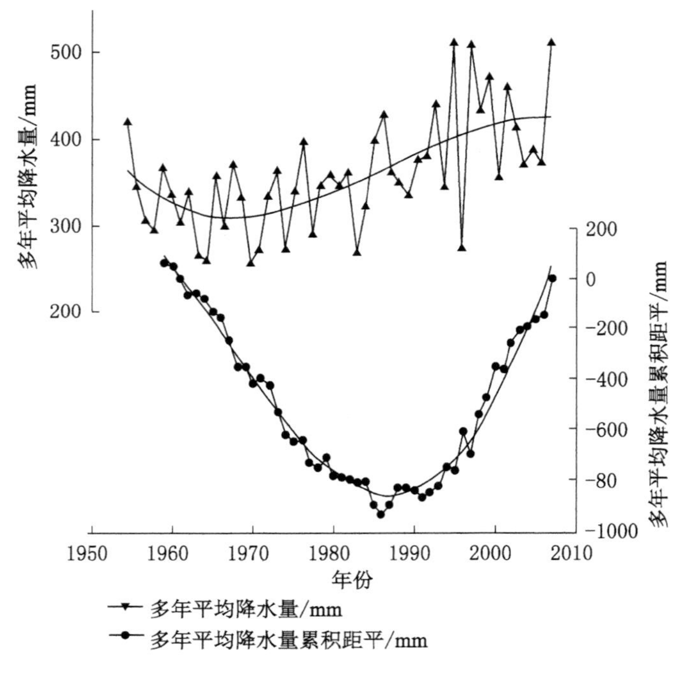

图 3-10　乌鲁木齐河流域多年平均降水量及累积距平

从图 3-10 可以看出，乌鲁木齐河流域的年平均降水量呈现上升趋势，年平均降水量为 360.2 mm。1973 年最低，为 256.5 mm；2007 年最高，为 511.7 mm。相比年平均降水量曲线，20 世纪 70 年代中期前是减少的，中期后是增加的。20 世纪 90 年代中期有所下降，但 90 年代以来整体还是增加的，累积异常曲线呈上升趋势。乌鲁木齐河流域属于干旱地区，降水量的增加有助于农作物灌溉、植被生长和生态环境改善。降水量增加的主要原因是全球变暖、气温升高、蒸发作用增强、空气中水蒸气增多，从而导致降水增多。同时，气温升高可加强平原和山区的局部环流，并形成局部地区性降水。

3.2.4　降水量突变和周期分析

分析乌鲁木齐河流域年平均降水量序列突变同样采用 Mann-Kendall 突变检测 *UF* 与 *UB* 的临界值(图 3-11)。如图 3-11 所示,降水量突变时间(1990 年)早于气温突变时间,年平均降水量只有一个突变点,这与年平均气温是相同的,也与以往的流域年平均降水量累积异常资料的分析结果是基本一致的。

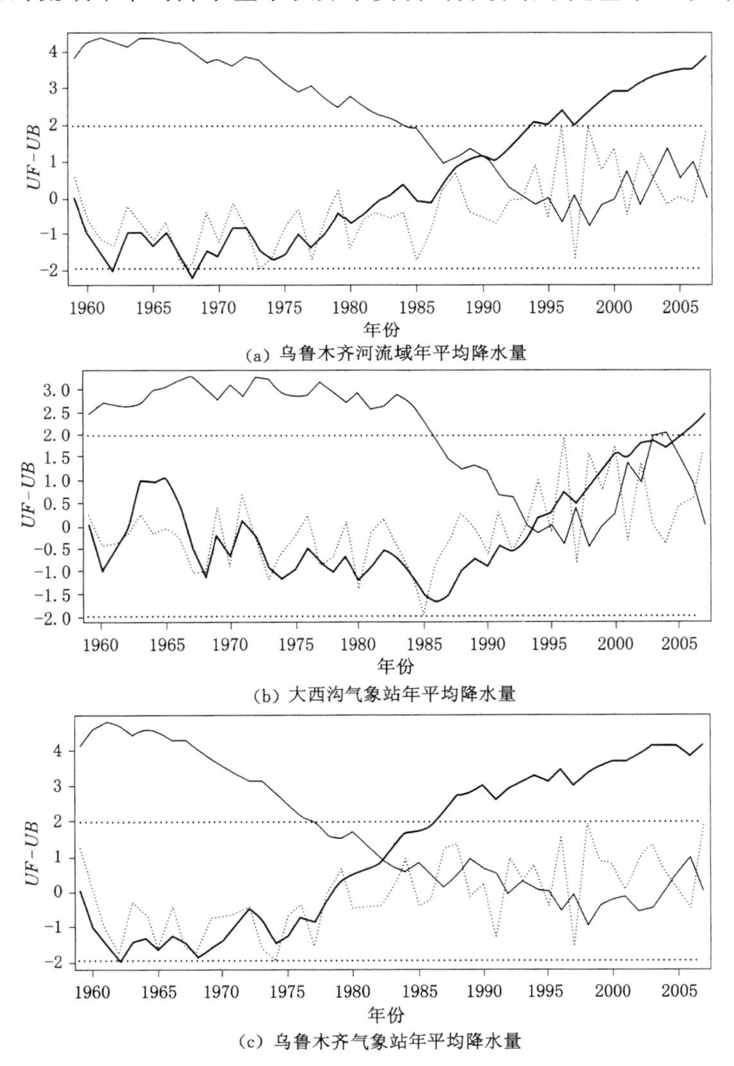

(a) 乌鲁木齐河流域年平均降水量

(b) 大西沟气象站年平均降水量

(c) 乌鲁木齐气象站年平均降水量

图 3-11　乌鲁木齐河流域降水量的 Mann-Kendall 突变检测曲线

同时,选取了河源区大西沟气象站和乌鲁木齐气象站降水量时间序列最长的资料,对多年来的降水量做进一步分析,以便阐明流域内不同位置降水量的突变规律。结果表明,大西沟气象站在 1994 年和 2003 年出现两个突变点,而乌鲁木齐气象站只在 1990 年出现一个突变点。

小波分析计算可以通过 Matlab 软件包中的小波工具箱完成。所需数据从流域河源区大西沟气象站、中游英雄桥水文站和乌鲁木齐气象站选取,再进行小波分析。

如图 3-12 所示,河源区年降水量异常序列在 11 a 左右的振荡最为明显。在 11 a 的规模中,正好与太阳黑子相对数最强的时期约为 11 a 相一致。1962 年、1969 年、1976 年、1980 年、1986 年、1992 年、1999 年和 2004 年是 8 个较小中心点,1966 年、1972 年、1978 年、1984 年、1989 年、1996 年、2002 年和 2005 年是 8 个较大中心点。所以,河源区年降水量周期的变化与太阳黑子活动周期有关。从图中还可以看出,河源区年降水量因周期不同而差异很大。由于本书所选择的时间序列有限,所以还需要更长的时间序列做进一步研究。

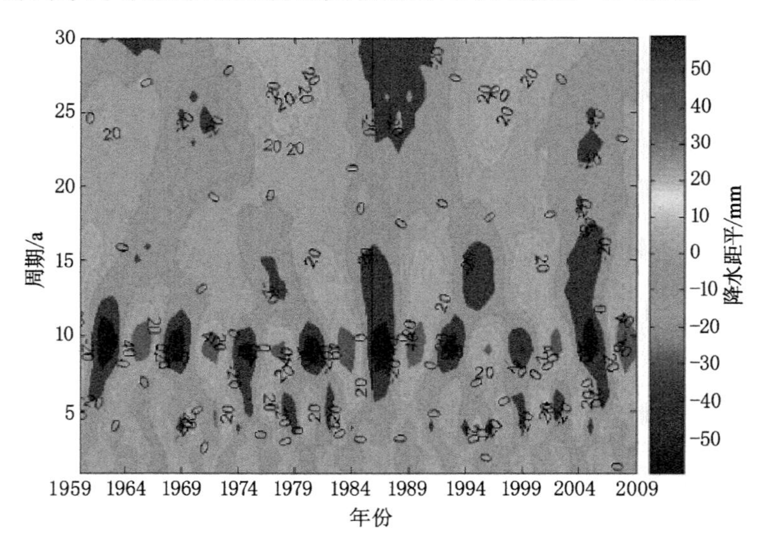

图 3-12 大西沟气象站年降水量距平序列的复值 Morlet 小波变换

图 3-13 所示为英雄桥水文站年降水量异常系列的 Morlet 小波变换的真实组成部分。可以看出,英雄桥水文站的年降水量在约 22 a 的时间里振荡最为明显。此外,英雄桥水文站年降水量仍有约 10 a 的短周期振荡变化,但是 20 世纪 70 年代的 10 a 周期变化不显著。

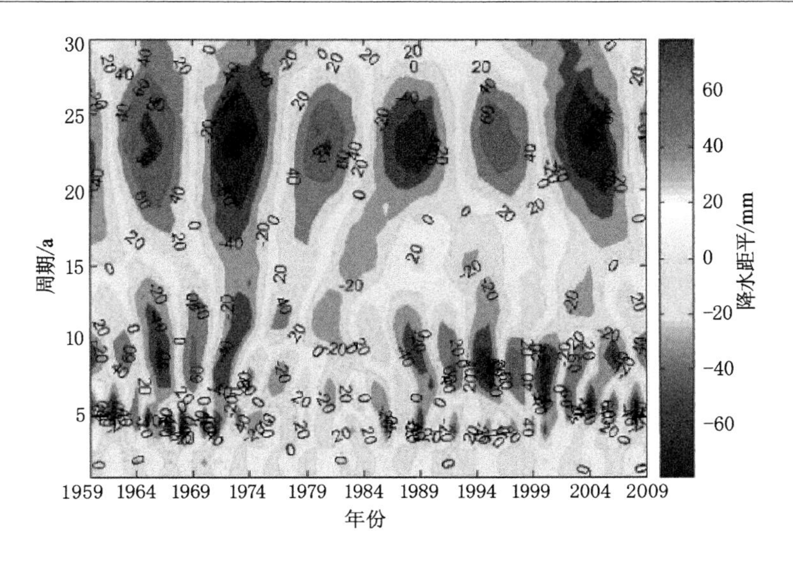

图 3-13　英雄桥水文站年降水量距平序列的复值 Morlet 小波变换

图 3-14 所示为乌鲁木齐气象站 Morlet 小波变换和年降水量异常序列的真实组成部分。可以看出，第一个主要降水周期为 25 a，偏多的有 3 个中心，偏少的也有 3 个中心。第二和第三个主要周期分别为 10 a 和 5 a。10 a 左右的振荡周期最为显著。

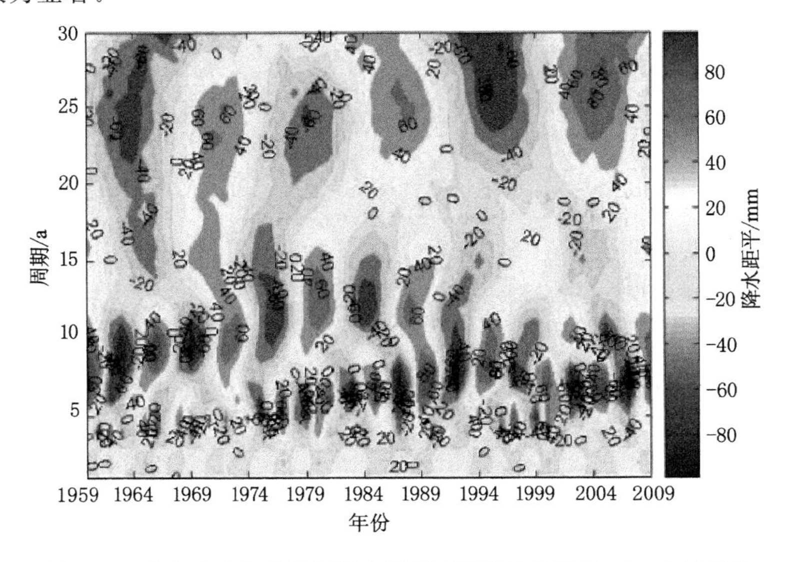

图 3-14　乌鲁木齐气象站年降水量距平序列的复值 Morlet 小波变换

乌鲁木齐河流域年平均年降水量在20世纪70年代中期前有所下降，中期后有所增加，总的来说呈现上升趋势。从年降水量异常曲线来看，20世纪90年代前以偏少为主，90年代后开始偏多。流域内四季的年降水量呈上升趋势，但夏季和冬季明显增加。乌鲁木齐河流域的年降水量夏季多，而秋季少。自90年代以来，夏季和冬季显著增加。

3.3 流域蒸散量变化特征

3.3.1 实际蒸散量季节变化特征

在1953—2015年的60多年间，不同季节的实际蒸散量变化较大[22]。夏季平均实际蒸散量最高，为454.955 mm；春季次之，为209.894 mm；秋季为82.403 mm；冬季最小，为38.671 mm。实际上，季节的实际蒸散量基本上与全年的实际蒸散量一致，呈明显下降趋势（见表3-3）。夏季实际蒸散量的最大变化率为−21.41 mm/10 a，冬季实际蒸散量的最小变化率为−1.089 1 mm/10 a。流域内冬季气候寒冷而干燥，导致其值相差近20倍。

表3-3 乌鲁木齐河流域实际蒸散量的年际和季节线性变化趋势统计

时间	趋势系数	趋势/(mm/10 a)	拟合趋势方程
全年	−3.858 0	−38.580	$y=-3.858x+8\ 441$
春季	−0.963 6	−9.636	$y=-0.963\ 6x+2\ 122$
夏季	−2.141 0	−21.410	$y=-2.141x+4\ 702$
秋季	−0.645 1	−6.451	$y=-0.645\ 1x+1\ 362$
冬季	−0.108 9	−1.089	$y=-0.108\ 9x+254.8$

注：x为年份，y为实际蒸散量。

3.3.2 实际蒸散量年际变化特征

图3-15所示为乌鲁木齐河流域一年实际的蒸散量。在1953—2015年的60多年间，实际蒸散量值为492.521～1 098.199 mm，多年平均值为785.92 mm。1967年达到最高值，1994年达到最低值。波动和下降的总体趋势是−38.58 mm/10 a。

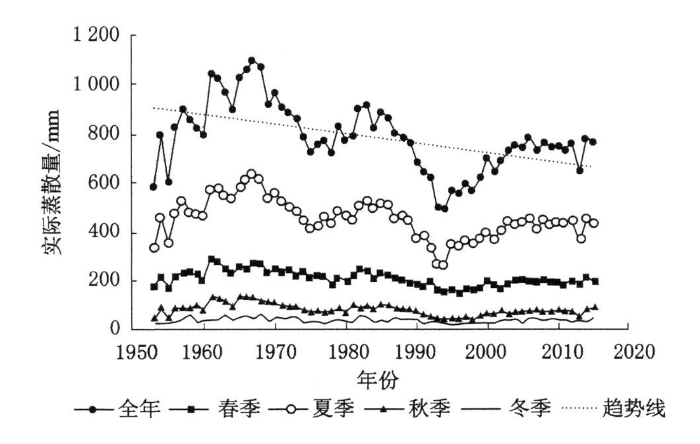

图 3-15　1953—2015 年的 60 多年间乌鲁木齐河流域年际和季节的实际蒸散量

3.3.3　实际蒸散量突变和周期分析

对过去异常变化率的分析表明，乌鲁木齐河流域的实际蒸散量可以分为三个阶段：20 世纪 50 年代，为极低值；60 和 80 年代，蒸散异常剧烈，为极高值；90 年代以来，呈现上升趋势，上升缓慢，但仍低于多年的平均值。从年际变化的范围来看，60 年代和 90 年代蒸散累积异常经历了显著的正负变化（图 3-16）。

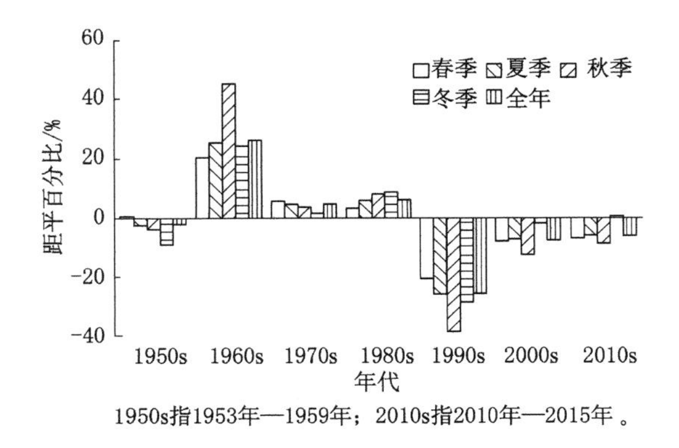

图 3-16　乌鲁木齐河流域年际蒸散量距平百分比

采用 Mann-Kendall 法，可检验乌鲁木齐河流域的蒸散量。大于 0 的序列表明参数呈上升趋势，小于 0 的序列则相反。1953—2015 年呈连续下降趋势，尤其是 1978 年以后均为小于 0 的序列，说明蒸散量连续下降。1961—1974 年，*UF* 曲线突破置信线 1.96，显著水平 $\alpha=0.05$，蒸散量显著增加。1992 年，突破置信线 1.96，蒸散量显著下降。1982 年，*UF* 曲线与逆序曲线(*UB*)在年份 t 有明显的交点。临界线间距表明，1982 年平均蒸散量在突变后下降了 150.654 mm，即 17.361%。

通过对研究区间内各季节实际蒸散量的突变检验，春季、夏季和冬季的变异点与年的相吻合。换言之，1982 年以后三个季节的蒸散量比相应的季节小，平均下降 15.0%左右。而 1980 年秋季蒸散量由高到低发生突变，下降了 25.0%。

Morlet 小波变换系数实部等值线图(图 3-17)是根据乌鲁木齐河流域 1953—2012 年实际蒸散量获得的。结果表明，蒸散量在 6～8 a、17～20 a 和 28～31 a 三个尺度上呈现周期性变化。其中，6～8 a 周期明显存在于 1953—1970 年，17～20 a 仅存在于 1957—1973 年，28～31 a 明显存在于近 60 年中，但该周期正负值中心呈现 30～26 a 的下降趋势。

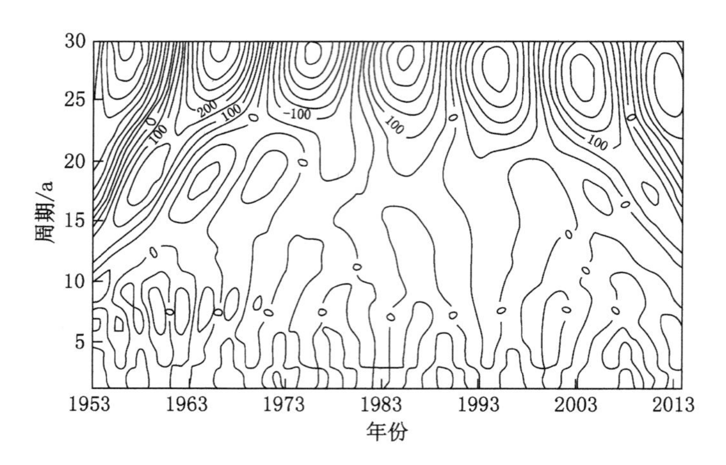

图 3-17　乌鲁木齐河流域蒸散量 Morlet 小波系数实部等值线图

通过计算小波方差，发现实际蒸散量的主周期为 29 a(图 3-18)。同时，根据 29 a 处的小波系数值$[f(t)]$与年份 t 之间建立回归方程：

$$f(t)=334\sin(0.3345t-52.86), R_2=0.93, P<0.05$$

并预测了 2016—2030 年流域内蒸散量趋势。

结果表明，2016—2030 年总蒸散量波动较大。前期主要呈现上升趋势，但在 2020 年发生突变，并转变为下降周期。而到 2029 年，蒸散量将再次转变为上升周期。

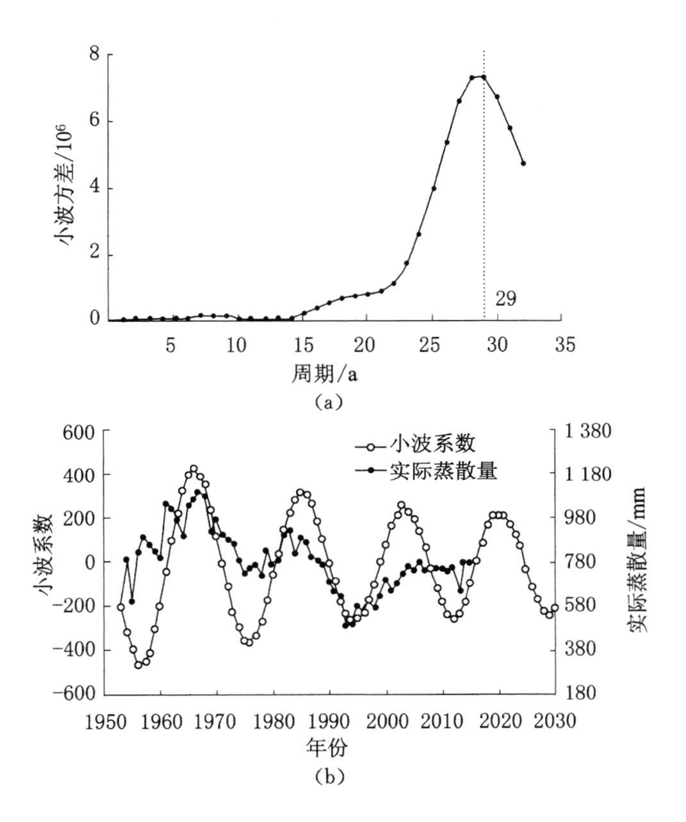

图 3-18　乌鲁木齐河流域实际蒸散量小波方差和小波系数

参考文献

[1] 张润杰. 乌鲁木齐河水资源评价研究[J]. 水利科技与经济，2010，16(2)：179-182.

[2] JONES P D，HULME M，BRIFFA K R. A comparison of Lamb circulation types with an objective classification derived from grid-point mean-sea-level pressure data[J]. International journal of climatology，1993，13(6)：655-664.

[3] KANG B S，YANG S K，KANG M S. A comparative analysis of the accuracy of areal precipitation according to the rainfall analysis method of mountainous streams[J]. Journal of environmental sciences，2019，28(10)：

841-849.
[4] 颜真梅,母国宏.基于泰森多边形法的流域面平均雨量计算[J].水利科技与经济,2017,23(1):19-22.
[5] 邢晶晶,朱家明,邓蕾,等.基于泰森多边形法对南极洲平均温度测定的研究[J].河南工程学院学报(自然科学版),2016,28(4):49-52.
[6] 王玉德.基于 ArcGIS 的泰森多边形法计算区域平均雨量[J].吉林水利,2014(6):58-60,63.
[7] MAHMUD K,SAHA S,AHMAD T,et al. Historical trends and variability of temperature extremes in two climate vulnerable regions of Bangladesh[J]. Journal of the Bangladesh Agricultural University,2018,16(2):283-292.
[8] XU M,KANG S,WU H,et al. Detection of spatio-temporal variability of air temperature and precipitation based on long-term meteorological station observations over Tianshan Mountains,Central Asia[J]. Atmospheric research,2018,203:141-163.
[9] 丁贞玉,马金珠.石羊河流域出山口径流特征及其与山区气候变化相关关系分析[J].资源科学,2007,29(3):53-58.
[10] MACEK U,BEZAK N,SRAJ M. Reference evapotranspiration changes in Slovenia,Europe[J]. Agricultural and forest meteorology,2018,260:183-192.
[11] WANG X M,LIU H J,ZHANG L W,et al. Climate change trend and its effects on reference evapotranspiration at Linhe Station,Hetao Irrigation District[J]. Water science and engineering,2014,7(3):250-266.
[12] GAO X,YE B S,ZHANG S Q,et al. Glacier runoff variation and its influence on river runoff during 1961—2006 in the Tarim River Basin,China[J]. Science China(Earth sciences),2010,53(6):880-891.
[13] 侯光良,李继由,张谊光.中国农业气候资源[M].北京:中国人民大学出版社,1993.
[14] 丁永建,叶柏生,韩添丁,等.过去 50 年中国西部气候和径流变化的区域差异[J].中国科学,2007,34(2):206-214.
[15] 丁一汇,任国玉,石广玉,等.气候变化国家评估报告(Ⅰ):中国气候变化的历史和未来趋势[J].气候变化研究进展,2006,2(1):3-8,50.
[16] 刘海涛,杨洁.1951—2015 年北京极端降水变化研究[J].中国农学通报,

2018,34(1):109-117.

[17] 尹文有,田文寿,琚建华.西南地区不同地形台阶气温时空变化特征[J].气候变化研究进展,2010,6(6):429-435.

[18] 丁永建,刘时银,刘凤景,等.中国寒区水文学研究的新阶段:记我国杰出寒区水文学家叶柏生研究员的创新与贡献[J].冰川冻土,2012,34(5):1009-1022.

[19] HAO Y H,LIU G L,LI H M,et al. Investigation of karstic hydrological processes of Niangziguan Springs (North China) using wavelet analysis [J]. Hydrological processes,2012,26(20):3062-3069.

[20] HAO Y H,YEH TIAN-CHYI J,GAO Z Q,et al. A gray system model for studying the response to climatic change: the Liulin karst springs, China[J]. Journal of hydrology,2006,328(3):668-676.

[21] GRINSTED A,MOORE J C,JEVREJEVA S. Application of the cross wavelet transform and wavelet coherence to geophysical time series[J]. Nonlinear processes in geophysics,2004,11(40):561-566.

[22] 董双林.中国的阵风极值及其统计研究[J].气象学报,2001,59(3):327-333.

第4章　乌鲁木齐河流域出山径流变化特征对气候变化的响应

在全球气候逐渐变暖的背景下，两极和山地冰川融化等一系列问题频频出现，首当其冲的就是水资源问题[1-2]。因此，世界各个国家对水资源的研究已经开始提上议程[3]。本章内容主要介绍乌鲁木齐河流域径流变化特征对气候变化的响应。

4.1　出山径流变化特征

径流变化特征的时间序列分析包括季节、年际和多年的变化趋势，以及突变点试验和周期性分析等。

4.1.1　年出山径流的变化

对出山径流变化的研究，选取乌鲁木齐河出山口控制点——英雄桥水文站的年流量进行分析[4]，结果表明年平均流量为 2.43×10^8 m³，1996 年出现最大值，为3.46×10^8 m³；1968 年出现最小值，为 1.80×10^8 m³。年径流变化总体呈上升趋势，径流量线性年代倾向率为 6.25×10^5 m³/a，年径流量增加了 3.04×10^7 m³（图 4-1）。

4.1.1.1　突变检验

（1）Mann-Kendall 检验

图 4-2(a)是乌鲁木齐河流域 1959—2007 年的径流序列 Mann-Kendall 突变检验结果。UF 是顺序统计值，UB 是逆序统计值。UF 和 UB 在信度线（±1.96，$\alpha=0.05$）之间。结果表明，在 1988 年，UF 与 UB 间存在明显的交叉点，而后 UF 和 UB 显著增加和减少。在 1998 年时，UF 不仅超出了信度线，而且是比较显著的。因此，认为突变始于 1988 年，序列变化趋势增大，通过了 $\alpha=0.05$ 的显著性检验，表明乌鲁木齐河流域在 20 世纪 80 年代后期特别是 90 年代径流由小变大。

（2）累积距平

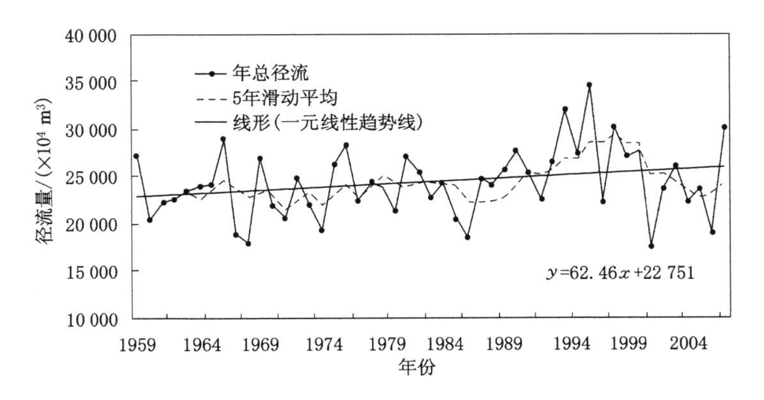

图 4-1　英雄桥水文站年径流变化趋势

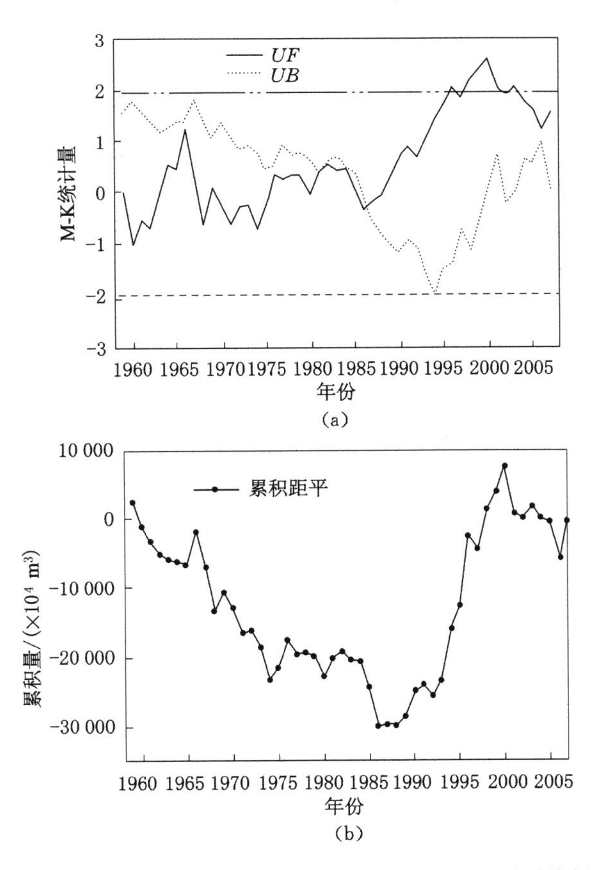

图 4-2　英雄桥水文站年径流 M-K 突变和累积距平分析

从图 4-2(b)可知,1959—1986 年累积距平呈现下降趋势,但在 1989 年以后累积距平呈现上升趋势,而到了 2000 年达到最大值,说明 20 世纪 80 年代末出山径流量出现了突变。

(3) 滑动 t 检验

将乌鲁木齐河流域的年径流序列分成等级为 4、5、7、8 进行滑动 t 检验,当 $n=49$,α 的显著性水平取值为 0.05,子序列长度分别为 4、5、7、8,多次重复进行该试验,以图形来表示 t 统计量序列和 α 临界值的关系。当子序列的长度为 4 和 5 时,在 1987 年发生突变,突变点在整个序列中仅为一个点。当子序列长度为 7 和 8 时,突变点较多,但集中在 20 世纪 80 年代向 90 年代过渡的时期。从而可知,乌鲁木齐河流域径流突变在 20 世纪 80 年代末至 90 年代初,突变由少变多(图 4-3)。

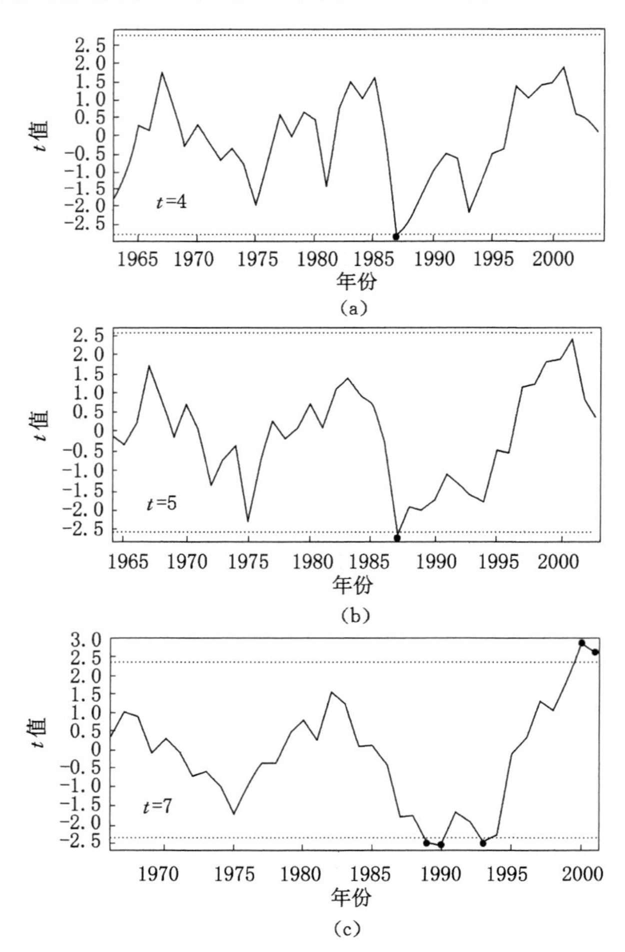

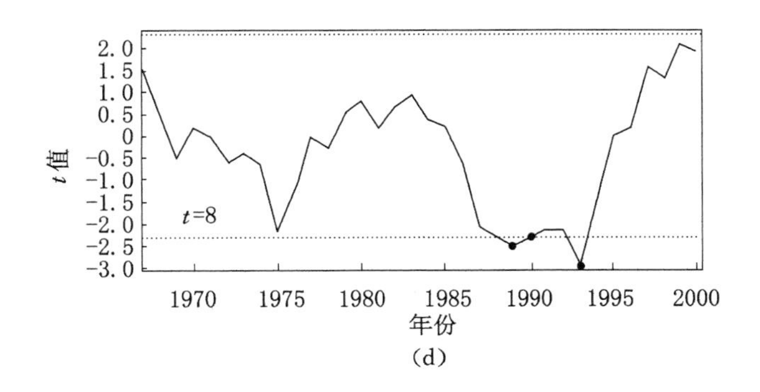

图 4-3　英雄桥水文站年径流滑动 t 检验（t=4、5、7、8，t 为子序列长度）

对乌鲁木齐河流域径流的 Mann-Kendall 检验、累积距平和滑动 t 检验，并和乌鲁木齐河出山口 1959—2007 年径流试验相比，其结果基本一致。乌鲁木齐河流域出山径流在 20 世纪 80 年代末至 90 年代初发生了剧烈变化。在此之前，径流几乎处于稳定状态，90 年代以来径流迅速增加。

4.1.1.2　小波分析

在进行乌鲁木齐河流域 1959—2007 年径流量序列分析时，所采用的方法为小波分析，其结果如图 4-4 所示。小波分析图的上半部分等值线相对比较稀疏，对应周期的振荡波纹较长；图形的下半部分相对密集的等值线分布对应于短周期的振荡。小波系数的大小代表信号的强弱，以颜色来区分等值线值的正负，红色表示等值线值为正，颜色越红则表示流量越大。用蓝色表示等值线值为负值，颜色越浅则表示流量越小[5]。由图 4-4 可以发现，年径流量的强度、周期变化和突变点分布特点。由小波方差图可以看出三个主要周期，其中 25 a 是最明显和最完整的，并贯穿于整个时间周期。此外，还有 9 a 和 5 a 周期，9 a 周期的增长趋势不明显，并在 1994 年之后缩减到 7 a 周期。在 5 a 周期中，1959—1979 年间的表现较为明显，但从 1979 年开始其表现则不明显。

4.1.1.3　丰枯分级

对乌鲁木齐河流域径流丰枯分级采用《中国水资源评价》所定的三级标准[6]：

丰水年：$X_i>(X+0.33a)$，相应频率 $P<37.5\%$；

平水年：$(X-0.33a)<X_i<(X+0.33a)$，相应频率 $37.5\%<P<62.5\%$；

枯水年：$X_i<(X-0.33a)$，相应频率 $P>62.5\%$。

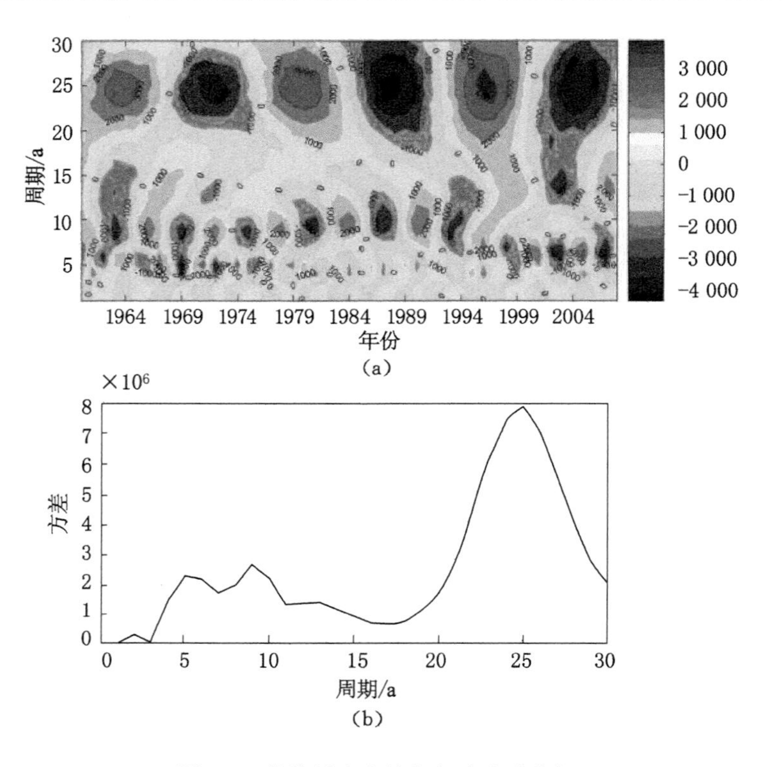

图 4-4 英雄桥水文站年径流小波分析

其中,X 表示多年平均径流量,m^3;X_i 表示某一年的径流量,m^3;a 表示均方差。

计算得到,$X=2.43\times10^8\ m^3$,$a=3.65\times10^7\ m^3$。所以,$(X+0.33a)=2.55\times10^8\ m^3$,$(X-0.33a)=2.31\times10^8\ m^3$。按照上述计算,乌鲁木齐河流域山区径流丰枯年份见表 4-1。

表 4-1 英雄桥水文站径流量丰、平、枯年份统计

	丰水年	平水年	枯水年
年份	1959,1966,1969,1975,1976,1981,1989,1990,1993,1994,1995,1996,1998,1999,2000,2003,2007	1963,1964,1965,1972,1978,1979,1982,1984,1987,1988,1991,2002,2005	1960,1961,1962,1967,1968,1970,1971,1973,1974,1977,1980,1983,1985,1986,1992,1997,2001,2004,2006

就季节性而言，从 20 世纪 50 年代末至 21 世纪初，英雄桥水文站的水量具有一个丰-枯-枯-枯-丰-枯的变化过程。枯水年较多的时段出现在 20 世纪 60 年代初，平均径流量为 2.71×10³ m³，相比而言高于多年平均径流量。60—70 年代的平均径流量低于多年平均值，70 年代的平均值比多年平均值小 3.7%，属于枯水期。80 年代和 70 年代相比，差异不明显，同属于枯水期。90 年代的平均值比多年平均值高 13.4%，属于丰水期。21 世纪初，平均值比 90 年代平均值降低2.2%。综上所述，90 年代水量最大，60 年代最小(见表 4-2)。

表 4-2　乌鲁木齐河流域出山口不同时段平均年径流量比较

时段(年份)	平均径流量/(×10³ m³)	与多年平均比较	丰枯判断	最大值		最小值	
				径流量/(×10³ m³)	年份	径流量/(×10⁴ m³)	年份
1959	2.71	+11.7%	丰水	—	—	—	—
1960—1969	2.30	−5.5%	枯水	2.91	1966	1.80	1968
1970—1979	2.34	−3.7%	偏枯	2.82	1976	1.93	1974
1980—1989	2.34	−3.6%	偏枯	2.71	1981	1.86	1986
1990—1999	2.76	+13.4%	丰水	3.46	1996	2.24	1997
2000—2007	2.38	−2.2%	偏枯	3.01	2007	1.75	2001
多年平均	2.43	—	—	—	—	—	—

变差系数与离散度的关系可以表示其径流的序列。径流序列离散度与变差系数成正比。变差系数越大，河流抗干扰能力越差，意味着河流较为敏感；反之，当变差系数越小时，径流序列离散度越小，抗干扰能力越强。乌鲁木齐河流域主要是以高山冰雪融水供给为主的河流，计算得到其年径流量的变差系数为 0.15，相对来说较小，表明水量比较稳定，为新疆地区年径流量变化最小的河流之一(见表 4-3)。

表 4-3　乌鲁木齐河流域出山年径流量极值统计

站点	多年平均径流量/(×10⁸ m³)	变差系数	最丰水年			最枯水年			
			年径流量/(×10⁸ m³)	出现年份	最大模比系数	年径流量/(×10⁸ m³)	出现年份	最大模比系数	极值比
英雄桥	2.43	0.15	3.46	1996	1.42	1.75	2001	0.72	1.97

4.1.1.4 径流极端值的变化

自从进入21世纪，全球复杂多样性的气候变化导致的干旱和洪涝等极端气候事件已成为社会、政府和科学界关注的焦点[7]。极端的水文事件引起了各方的关注，并逐渐成为急需解决的自然科学问题之一[8]

根据径流极值的定义，选取乌鲁木齐河流域英雄桥水文站1992—2004年的日径流资料进行分析。超过99%的阈值为4.49×10^6 m^3，超过95%的阈值为2.52×10^6 m^3（见表4-4）。

表4-4 极端径流指标

	99%	95%
定义	日径流分别大于1992—2004年的第99个百分位数值	日径流分别大于1992—2004年的第95个百分位数值
阈值/m^3	4 486 154	2 517 563
倾向率/(d/a)	−0.13	−0.99

如图4-5所示，无论是第99个百分位，还是第95个百分位选择的阈值，1992—2004年英雄桥水文站极端径流日数呈现下降趋势。但是95%的下降趋势更为明显，趋势率为−0.989 d/a，最极端年份为1996年，达44天，而99%的天数只有8天。当选择99%时，1992—2004年英雄桥水文站的天数为零的年份，分别是1993年、1997年和2001年。当选择95%时，英雄桥水文站的天数为零的年份是2001年。由此可见，2001年的日径流量与整个时段相比是较小的。

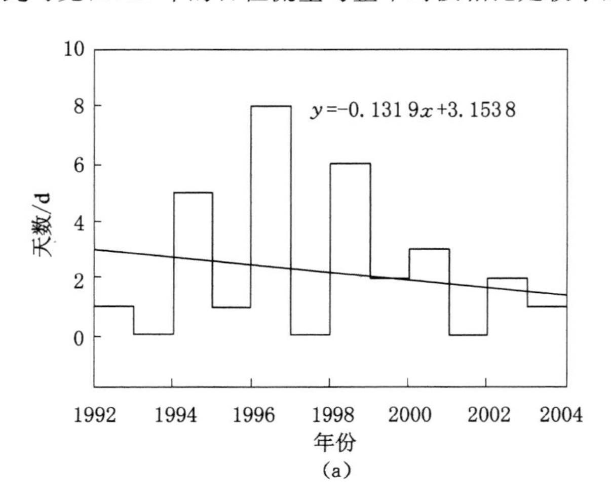

(a)

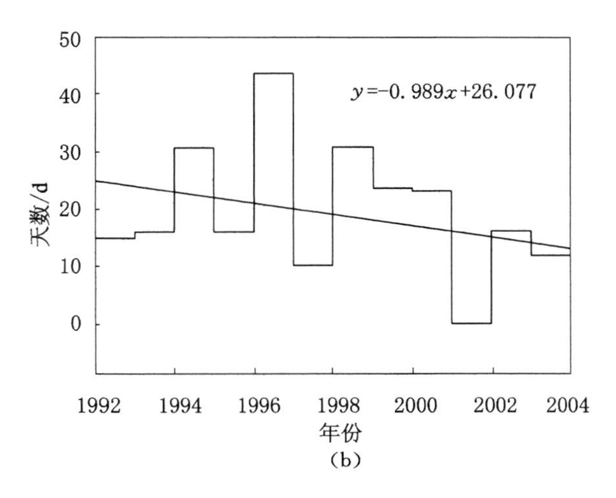

(b)

图 4-5　英雄桥水文站的 99%和 95%天数与极端径流的关系

根据表 4-5,若分别选取极端径流的阈值为 99%和 95%,可计算出 1992—2004 年时段内总极端径流量分别为 1.88×10^{8} m^3 和 8.75×10^{8} m^3,分别占总径流量的 5.5%和 25.7%。在 1996 年极端径流量达到最大,分别为 6 970.7 m^3 和 18 845.5 m^3,占全年径流总量的 20.2%和 54.5%。在 99%和 95%阈值下,1996 年极端径流占全年径流总量的 37.2%和 21.5%。由 95%和 99%的相关分析发现,气象要素与极端径流有很好的相关性,$r=0.96$,并通过了 0.001 的显著性检验(图 4-6)。

表 4-5　英雄桥水文站的 99%和 95%极端径流量

年份	年总量/($\times10^{8}$ m^3)	99%		95%	
		极端量/($\times10^{4}$ m^3)	占年内比例/%	极端量/($\times10^{4}$ m^3)	占年内比例/%
1992	2.27	458.8	2.0	4 719.5	20.8
1993	2.66	0	0	4 952.2	18.6
1994	3.20	3 312.6	10.3	11 150.8	34.8
1995	2.73	446.6	1.7	4 736.3	17.3
1996	3.46	6 970.7	20.2	18 845.5	54.5
1997	2.24	0	0	3 225.3	14.4

表 4-5(续)

年份	年总量/(×10⁸ m³)	99%		95%	
		极端量/(×10⁴ m³)	占年内比例/%	极端量/(×10⁴ m³)	占年内比例/%
1998	3.02	3 178	10.5	10 843.5	35.9
1999	2.71	1 063.6	3.9	8 010.1	29.6
2000	2.76	1 799.7	6.5	7 941.2	28.7
2001	1.75	0	0	0	0
2002	2.37	1 023	4.3	5 571.1	23.5
2003	2.61	483.3	1.9	3 934.6	15.1
2004	2.24	0	0	3 606.4	16.1
总计	3.40	18 756.8	5.5	87 536.5	25.7

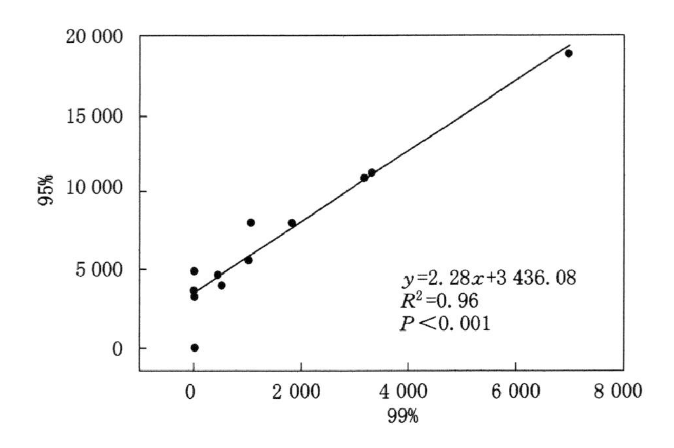

图 4-6 英雄桥水文站 95%和 99%极端径流的相关性

4.1.2 年内出山径流的变化

4.1.2.1 月变化

1992—2004 年,英雄桥水文站月平均径流量可达 2 098.46×10⁴ m³。如图 4-7 所示,7 月份最大径流量为 7 316.69×10⁴ m³,占全年内的 29.1%,2 月份最小,仅为 1.3%(见表 4-6)。

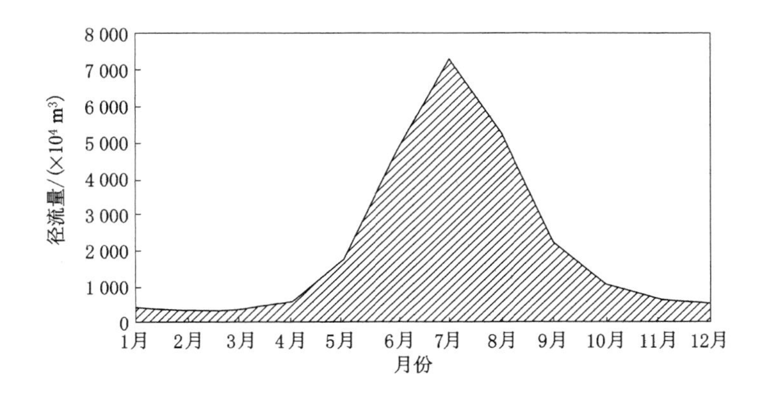

图 4-7　英雄桥水文站的月径流量分布

表 4-6　英雄桥水文站出山径流的月径流量分配

月份	径流量/($\times 10^4$ m^3)	占年内比例/%	月份	径流量/($\times 10^4$ m^3)	占年内比例/%
1	410.26	1.6	7	7 316.69	29.1
2	326.55	1.3	8	5 261.31	20.9
3	384.41	1.5	9	2 202.97	8.8
4	561.56	2.3	10	1 040.73	4.1
5	1 740.73	6.9	11	661.30	2.6
6	4 742.23	18.8	12	532.54	2.1

4.1.2.2　季节变化

春、夏、秋和冬四季分别占年总量的 12.4%、63.7%、18.0%和 5.9%。夏季占到一半以上，冬季所占比例很小(见表 4-7)。

表 4-7　英雄桥水文站出山径流的季节径流量分配

	春(3—5 月)	夏(6—8 月)	秋(9—11 月)	冬(12 月至翌年 2 月)
径流量/($\times 10^4$ m^3)	2 686.70	13 799.65	3 905.01	1 269.34
占年比率/%	12.4	63.7	18.0	5.9

4.1.3　径流变化的规律性

分析一年内乌鲁木齐河流域地表的水资源状况，采用峰型度 α 值和丰枯率

β 值进行分析：

$$\alpha = \frac{Q_{4\text{-}6}}{Q_{7\text{-}9}} \tag{4-1}$$

式中 $Q_{4\text{-}6}$——每年 4—6 月份的径流总量，m^3；

$Q_{7\text{-}9}$——每年 7—9 月份的径流总量，m^3。

α——河流径流总量中季节积雪融水与高山冰雪融水加上降水量的比值。

$$\beta = \frac{Q_{4\text{-}9}}{Q_{10\text{-}3}} \tag{4-2}$$

式中 $Q_{4\text{-}9}$——每年 4—9 月份的径流总量，m^3；

$Q_{10\text{-}3}$——每年 10 月份到翌年 3 月份的径流总量，m^3；

β——汛期与非汛期间径流总量的比值。

4.1.3.1 径流的年际变化

以乌鲁木齐河源区 1 号、空冰斗和总控三个水文点以及乌鲁木齐河出山径流为水源，对英雄桥水文站多年月平均径流量特征进行分析，如图 4-8 和图 4-9 所示。

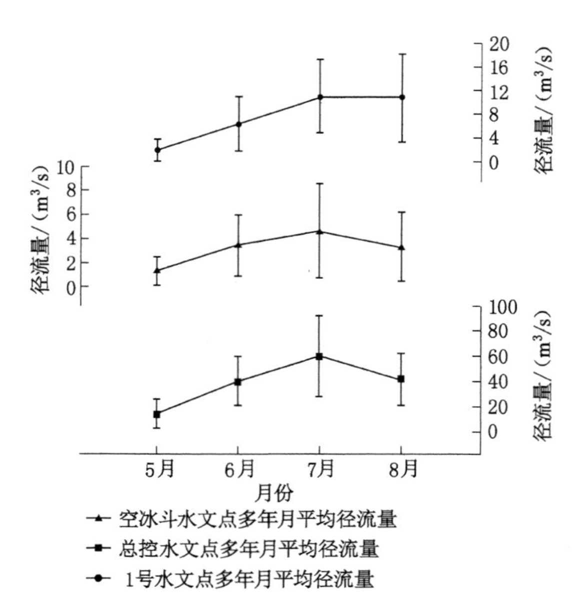

图 4-8 乌鲁木齐河源区各水文点径流量年内变化

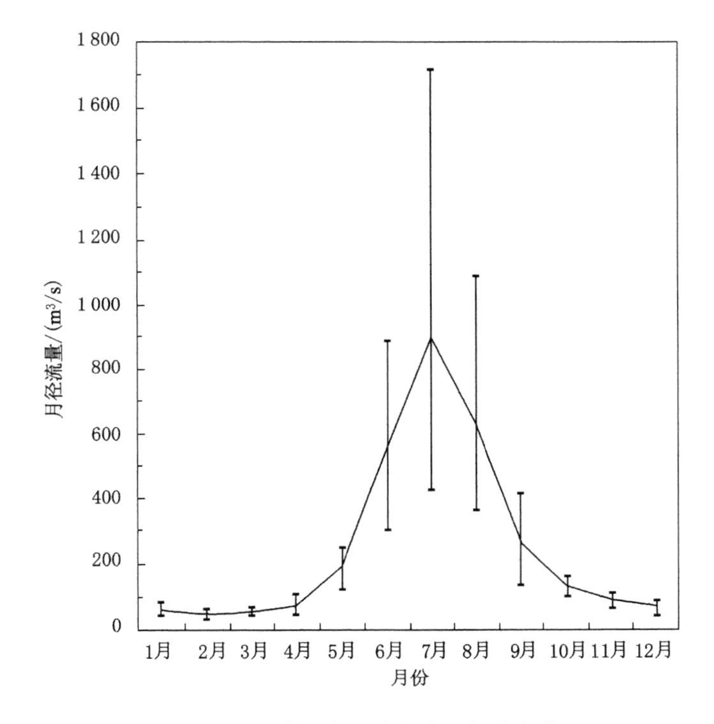

图 4-9　英雄桥水文站径流量年内变化

在河源区的三个水文点，主要的径流来源是冰雪融化和大气降水。由于河源区 1—4 月和 9—12 月的气温较低，冰雪融化极弱，降水量很少。因此，河源区三个水文点的径流一般出现在 5 月中旬(图 4-8)。随着气温的逐渐升高，最大径流一般出现在 7 月底，极少数出现在 8 月初，径流趋势与气温趋势一致。8 月份之后，随着冰冻期的临近，气温急剧下降，径流消失。但现场观察发现，河源区秋季气温明显偏高，导致冻结期延后，在 9 月底和 10 月初才发生冰冻现象。所以，可以推测气温高对径流量大小以及其他方面均产生重大影响[9]。

截至目前，通过对乌鲁木齐河流域记录资料最长的英雄桥水文站多年平均月径流量的研究(图 4-9)，可以看出乌鲁木齐河流域的年径流量分布非常不均匀。其径流 2 月份最低，3—5 月份缓慢上升，6 月份急剧上升，7 月份达到最大，8 月份略有下降，9 月份急剧下降，12 月份最小。这表明乌鲁木齐河流域年径流的变化与年降水量和年平均气温相似。

根据式(4-1)和式(4-2)，分别计算 1992—2004 年英雄桥水文站的流量峰型度和丰枯度。从图 4-10 中可以看出，2000 年以来，英雄桥水文站流量峰型度和丰枯度的年变化呈现上升趋势,反映出季节性融雪水与山区融雪水和降水之间的关系正在加强,雨季与非雨季总径流量之间的关系也在加强,这表明乌鲁木齐河流域径流量的增加是冰雪融水和降水比例增加所致[10]。

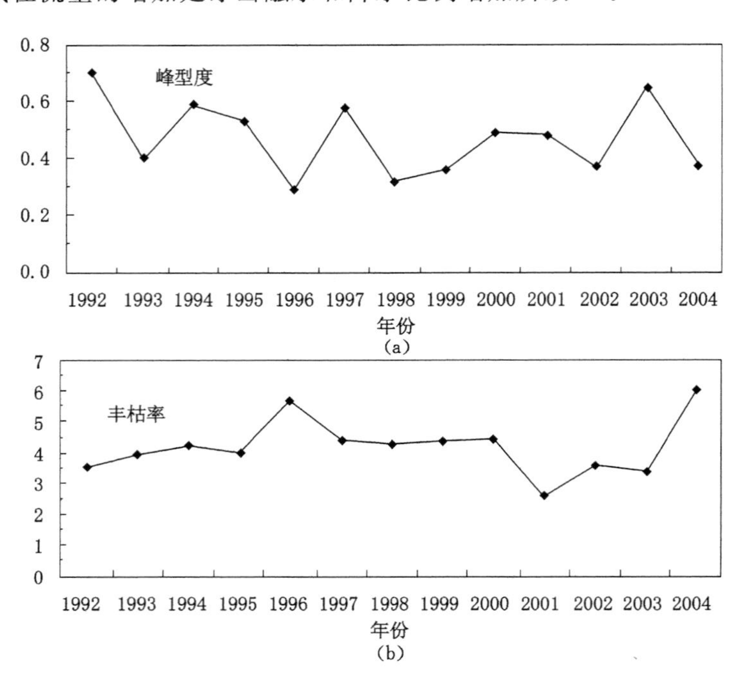

图 4-10 英雄桥水文站流量峰型度和丰枯率年际变化

4.1.3.2 径流的年变化

由英雄桥水文站的相关资料可以看出,1959—2004 年乌鲁木齐河流域年平均径流量为 2.43×10^8 m³。20 世纪 80 年代径流量增加了 8.4%,比 60 年代和 70 年代增加了 12.3%。图 4-11 所示为乌鲁木齐河流域 1959—2004 年的年平均径流和累积距平变化曲线。可以看出年径流量明显增加,这与 90 年代以来气温升高和降水量显著增加具有直接的关系。

反映年径流量系统分散程度的是 C_v 值。C_v 值越大,年径流变异系数越大,说明年径流量变化也越大,若水资源得不到充分的利用,极易形成涝灾。C_v 值越小,年径流量变化越小。通常情况下,以季节性融雪水或者是降水补给为主的河流,季节性差异是较大的,C_v 值也是较大的。但高山冰雪融水和降水混合补给的河流,融水与降水可以相互补充,所以 C_v 值并没有单一补给的河流大。

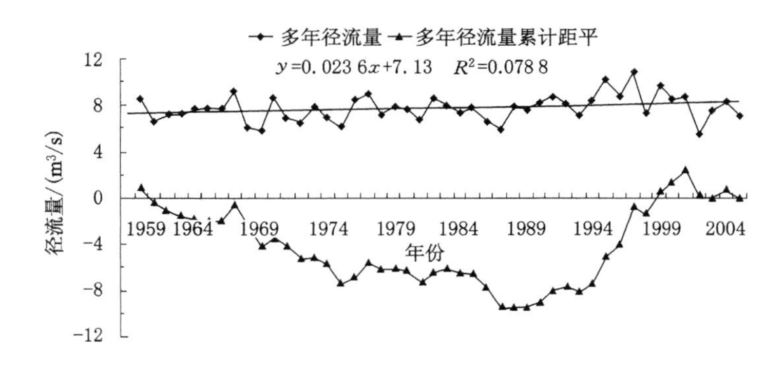

图 4-11　英雄桥水文站年径流量与累积距平

已有研究表明，混合补给河流的 C_v 值在 0.12～0.20 之间，单一补给河流的 C_v 值可达 0.25～0.45，说明 C_v 值是反映年径流量特征的关键值。由于流域面积和水量大，气温和降水引起的径流变化小于径流本身的变化。只有当气温显著升高，降水量显著增加时，河流径流才会发生显著变化[11]。

模比系数差积上升段反映汛期，下降段反映旱期，如图 4-12 所示。从乌鲁木齐河流域英雄桥水文站年径流模比系数差积曲线可以看出，年径流变化过程可分为 1959—1987 年的枯水期和 1988—2000 年的丰水期。自 1987 年以来，流域内的水流量不断增加。

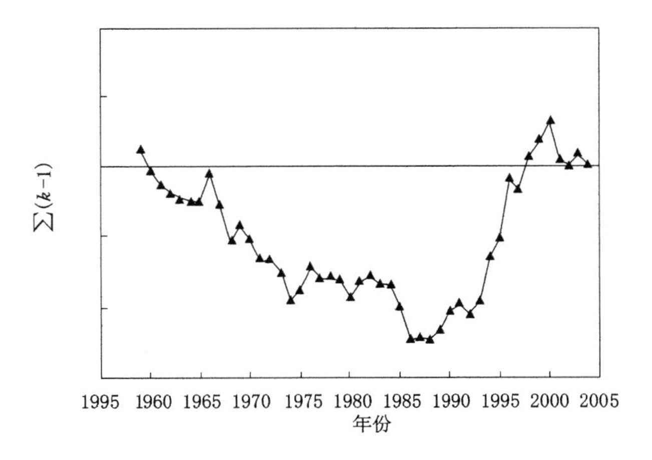

图 4-12　英雄桥站水文年径流量模比系数差积

4.1.3.3 径流量一般规律的特殊情况

图 4-13 所示为乌鲁木齐河流域英雄桥水文站径流异常系列的 Morlet 小波变换的真实组成部分。从图中可以看出，在约 22 a 的时段内，径流变化的振荡周期最为明显，这与英雄桥地区降水的周期变化相一致。在 22 a 的规模中，三个偏少的中心分别是 1974 年、1990 年和 2004 年，而三个偏多的中心分别是 1966 年、1982 年和 1999 年。此外，英雄桥水文站径流变化存在短时间的不平稳分布，如局部偏多和偏少中心分布。这与以往对英雄桥地区降水振荡的规律性分析相一致。

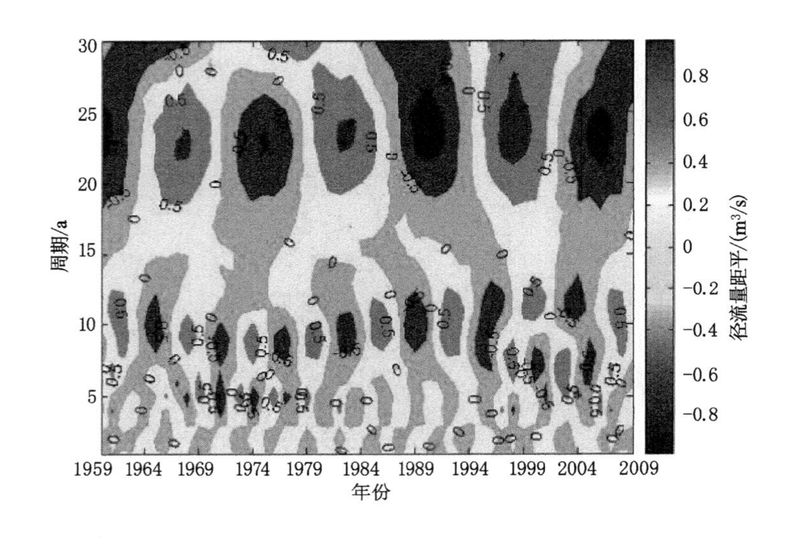

图 4-13 英雄桥水文站径流量距平序列 Morlet 小波变换

由图 4-14 可以看出，1987 年前后乌鲁木齐河流域英雄桥水文站径流量先降后升的波动很明显，这一现象和径流累积距平资料结果相吻合，突变时间介于乌鲁木齐河流域年平均降水量和乌鲁木齐年平均降水量之间。

乌鲁木齐河流域年径流量分布非常不均匀，主要集中在 6—9 月，年径流量与流域内降水量和气温变化相似。因此，冻结期推迟，其原因是秋季气温急剧上升。近三年的研究表明，冻结期在 9 月底或 10 月初才开始出现，这一延迟现象是气温升高引起的，但对径流产生了重大影响。乌鲁木齐河流域的 C_v 值为 0.14，说明年径流量波动性较小。年径流量的相对稳定性也反映出乌鲁木齐河流域是混合型补给河流的主要特征，而且其径流量变化基本与振荡周期相吻合，这表明流域的径流量受降水量影响较大。

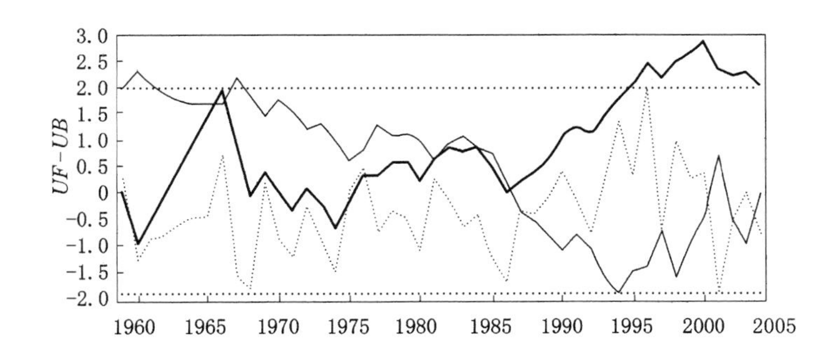

图 4-14　英雄桥水文站年径流量的 Mann-Kendall 突变检验

4.2　出山径流对气候变化的响应

气候变化对径流的影响非常之大，而气候变化导致的气温和降水是关键因素。气温的变化引起潜在和实际蒸散量的变化，降水的年内与年际变化引起流域内水源的再分布，这些都是影响径流变化的重要变量[12]。

4.2.1　径流与气候变化要素的相关性分析

由图 4-15 可以看出，乌鲁木齐河流域自 1959 年以来气温逐渐上升，上升率为 0.023 ℃/a，相当于平均气温上升了 0.23 ℃/10 a。将 1959—2008 年分为两个时期(1959—1983 年和 1984—2008 年)分析发现，1984 年前的 25 年气温基本稳定，但略有下降。1984 年的气温很低，且比正常年份低很多。此后，气温迅速上升，上升率达 0.7 ℃/10 a，降水量同样表现为上升趋势，即 2.15 mm/a。20 世纪 80 年代中期前，降水量仍处于下降状态，最小为 293.4 mm。之后降水量明显增加，1996 年最大，为 632.4 mm。

依据乌鲁木齐气象站(海拔 935 m)和大西沟气象站(海拔 3 539 m)1959—2008 年的气温资料，分析二者之间的相关性，结果表明二者之间相关性较高，$r=0.9595$($P<0.0001$)，气温随海拔的上升而上升(图 4-16)。

气温随海拔而变化的特点说明二者之间可能存在线性关系。因此，可利用二者之间的高度差来计算乌鲁木齐河流域山区气温随海拔的变化。通过计算乌鲁木齐气象站和大西沟气象站 1959—2008 年的气温变化关系，得到平均气温梯度为－0.49 ℃/100 m，即每升高 100 m，气温下降 0.49 ℃(见表 4-8)。

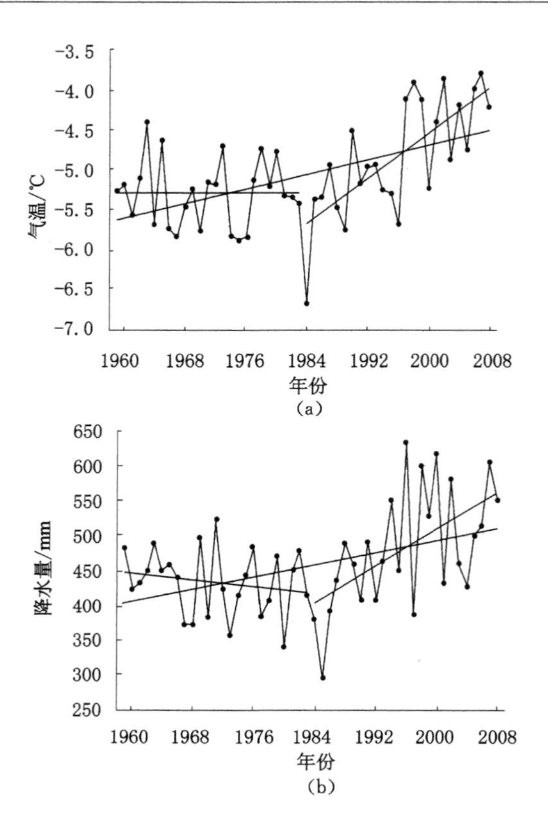

图 4-15　乌鲁木齐河山区流域的气候变化

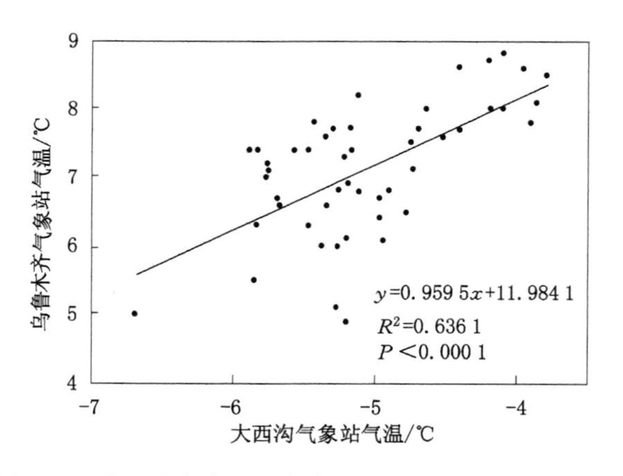

图 4-16　大西沟气象站和乌鲁木齐气象站的气温相关性

表 4-8　乌鲁木齐河流域气温梯度变化

年份	Δ/(℃/100 m)	年份	Δ/(℃/100 m)	年份	Δ/(℃/100 m)
1959	−0.420 04	1977	−0.482 79	1995	−0.525 98
1960	−0.409 24	1978	−0.479 08	1996	0.501 35
1961	−0.524 97	1979	−0.457 83	1997	−0.522 60
1962	−0.539 14	1980	−0.456 82	1998	−0.474 02
1963	−0.526 99	1981	−0.483 47	1999	0.490 22
1964	−0.496 63	1982	−0.524 29	2000	−0.507 42
1965	−0.512 15	1983	−0.535 43	2001	−0.489 88
1966	−0.522 40	1984	−0.472 67	2002	−0.484 82
1967	−0.491 23	1985	−0.460 53	2003	−0.473 68
1968	−0.520 92	1986	−0.483 81	2004	−0.493 58
1969	−0.455 80	1987	−0.460 19	2005	−0.495 95
1970	−0.516 87	1988	−0.477 06	2006	−0.508 43
1971	−0.508 77	1989	−0.524 29	2007	−0.497 64
1972	−0.489 54	1990	−0.490 89	2008	−0.522 60
1973	−0.502 36	1991	−0.521 59	多年平均	−0.493 49
1974	−0.535 43	1992	−0.472 67		
1975	−0.537 45	1993	−0.447 37		
1976	−0.459 51	1994	−0.488 46		

运用山区气温随海拔的梯度变化特征[13]，通过模拟得到后峡基地站 1986—2010 年的气温数据，与实测数据比较可得出二者之间的拟合度(图4-17)。模拟结果表明，模拟效果良好($\alpha=1.18$，$r=0.93$，$P<0.000\,1$)，说明其算法是可靠的。

4.2.1.1　出山口径流系数

径流系数是某一集水区地表径流深度与降水量的比值，或者是任意时期的径流深度 y(或总径流)与降水深度 x(或总降水量)之比。径流系数反映降水过程中雨水向径流的转化，进而反映自然地理因素对流域径流的影响，公式为 $a=y/x$(见表 4-9)。其余的水分则会因下渗、蒸发、渗透和植物截留而流失。

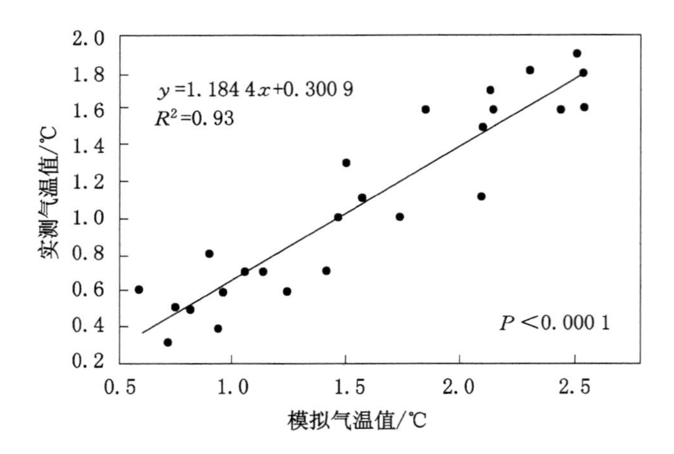

图 4-17 后峡基地站实测气温值与模拟气温值的拟合程度

表 4-9 英雄桥水文站径流系数

年份	径流系数 a	年份	径流系数 a	年份	径流系数 a
1959	0.61	1976	0.63	1993	0.62
1960	0.52	1977	0.64	1994	0.63
1961	0.56	1978	0.65	1995	0.66
1962	0.55	1979	0.55	1996	0.59
1963	0.52	1980	0.67	1997	0.62
1964	0.58	1981	0.65	1998	0.55
1965	0.57	1982	0.57	1999	0.55
1966	0.72	1983	0.60	2000	0.49
1967	0.55	1984	0.69	2001	0.44
1968	0.52	1985	0.76	2002	0.44
1969	0.58	1986	0.51	2003	0.62
1970	0.62	1987	0.61	2004	0.57
1971	0.43	1988	0.54	2005	0.51
1972	0.63	1989	0.61	2006	0.40
1973	0.67	1990	0.74	2007	0.54
1974	0.50	1991	0.56	多年平均	0.58
1975	0.64	1992	0.60		

作为乌鲁木齐河流域出山口的水文站，英雄桥水文站的径流量在 1959—2007 年间总体呈现上升趋势，气温和降水量也呈现上升趋势，这与前人研究的西北地区气候由暖干转向暖湿的结论一致[14]。

4.2.1.2　相关程度分析

对气温和降水量与径流进行相关程度的分析，发现径流与降水量的相关程度较高，$r=0.63$，通过了 0.01 的显著性检验（图 4-18）。径流与气温没有明显的相关性，可能是由于出山口水文站断面控制的山谷面积较大而导致径流组成相对复杂，冰雪融水中融入了相当多的降水和地下水等。此外，气温的升高也会增加蒸散量。因此，气温上升或降低对山区径流量的影响不太明显。

4.2.1.3　灰色关联度法

以大西沟气象站年平均气温和降水量为气候因子，分析乌鲁木齐河流域径流变化与气候变化的关系。首先，对大西沟气象站气温、降水量和径流等原始

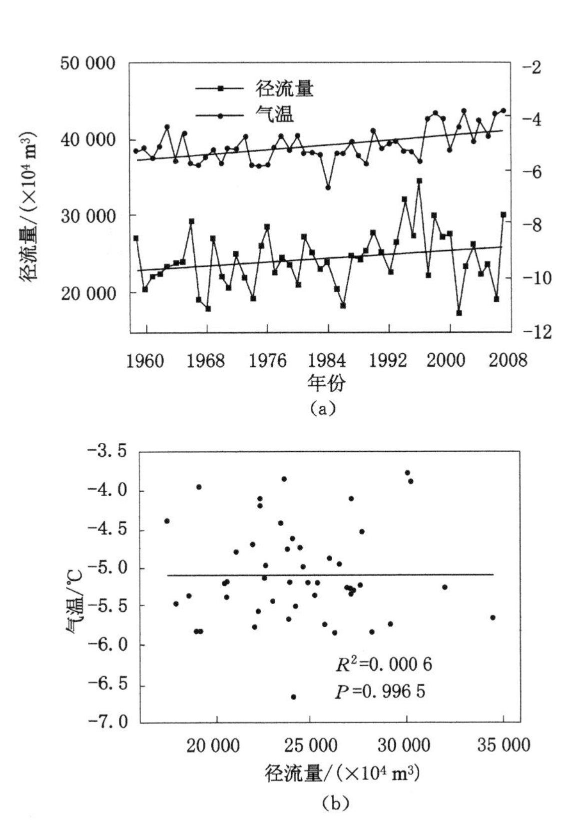

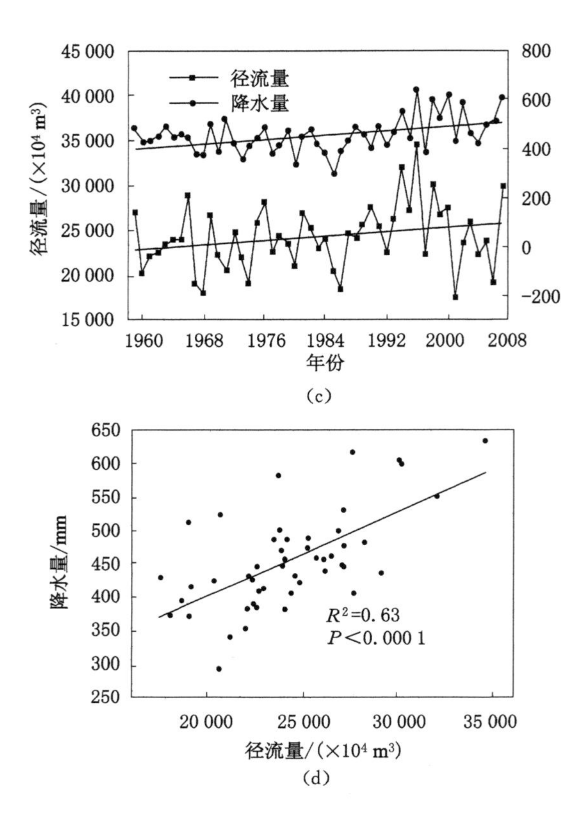

(c)

(d)

图 4-18　英雄桥水文站径流量与气温和降水量的关系

资料进行了转换。采用均值化转换式：

$$x_{ij}^{l} = (x_{ij} - \overline{x}_j)/S_j \tag{4-3}$$

式中　x_{ij}——原始数据；

$\overline{x}_j$——平均值，$\overline{x}_j = \frac{1}{n}\sum_{i=1}^{n} x_{ij}$；

S_j——标准差，$S_j = \sqrt{\frac{1}{n}\sum_{i}^{n}(x_{ij} - \overline{x}_j)^2}$。

处理后得到标准化的数据，见表 4-10。依据表 4-10 的数据绘制成图 4-19。由图 4-19 可以看出，这一时段内流域的气温上升，河流的流量有所增加，但是增加的速度十分缓慢，说明气温对径流量的影响是长期的，但在一定时间内才能检测到；径流随降水量的增加而增加，却是瞬时的，可在短时间内得出结果[15]。

表 4-10　大西沟气象站径流量、气温和降水量的标准化值

年份	R_t	T_t	P_t	年份	R_t	T_t	P_t	年份	R_t	T_t	P_t
1959	0.789 17	−0.306 02	0.336 769	1976	1.082 424	−1.241 31	0.374 69	1993	0.626 357	0.222 629	0.099 411
1960	−1.086 11	−0.197 58	−0.424 46	1977	−0.47 645	−0.062 03	−0.990 47	1994	2.143 755	−0.289 83	1.329 338
1961	−0.584 49	−0.344 41	−0.344 41	1978	0.027 739	0.575 06	−0.680 08	1995	0.831 51	−0.333 13	−0.090 19
1962	−0.484 17	−0.048 47	−0.107 05	1979	−0.124 03	−0.197 58	0.221 601	1996	2.851 244	−0.970 21	2.484 225
1963	−0.242 36	1.090 151	0.447 723	1980	−0.867 46	0.493 73	−1.619 68	1997	−0.531 99	1.591 688	−0.946 93
1964	−0.106 03	−0.943 1	0.101 43	1981	0.776 308	−0.414 46	−0.087 39	1998	1.632 712	1.917 009	1.996 869
1965	−0.080 3	0.710 611	0.029 187	1982	0.266 973	−0.428 01	0.286 208	1999	0.770 077	1.591 688	1.031 989
1966	1.321 657	−1.078 65	−0.225 02	1983	−0.368 41	−0.550 01	−0.573 34	2000	0.925 608	−0.238 24	−2.237 036
1967	−1.464 25	−1.214 2	−1.160 41	1984	−0.059 72	−2.583 26	−1.059 29	2001	−1.893 67	1.117 262	−0.321 93
1968	−1.752 36	−0.617 78	−1.170 24	1985	−1.034 66	−0.468 68	−2.276 98	2002	−0.180 45	1.971 229	1.767 938
1969	0.724 86	−0.278 91	0.603 621	1986	−1.590 3	−0.428 01	−0.880 92	2003	0.495 649	0.303 959	0.048 85
1970	−0.620 518	−1.105 76	−1.019 96	1987	0.079 188	0.195 519	−0.309 29	2004	−0.528 1	1.456 446	−0.390 75
1971	−1.021 8	−0.129 8	0.928 057	1988	−0.031 43	−0.644 89	0.450 53	2005	−0.156 58	0.547 975	0.628 902
1972	0.140 925	−0.170 47	−0.445 53	1989	0.385 303	−1.078 65	0.044 636	2006	−1.44	1.835 678	0.800 249
1973	−0.641 08	0.615 725	−1.386 53	1990	0.938 369	0.913 936	−0.681 48	2007	1.614 031	2.106 779	2.082 542
1974	−1.405 09	−1.200 65	−0.577 55	1991	0.284 98	−0.156 91	0.480 026				
1975	0.516 496	−1.281 98	−0.189 91	1992	−0.453 53	0.181 964	−0.649 18				

注：R_t、T_t和 P_t 分别指径流、气温和降水量标准化值。

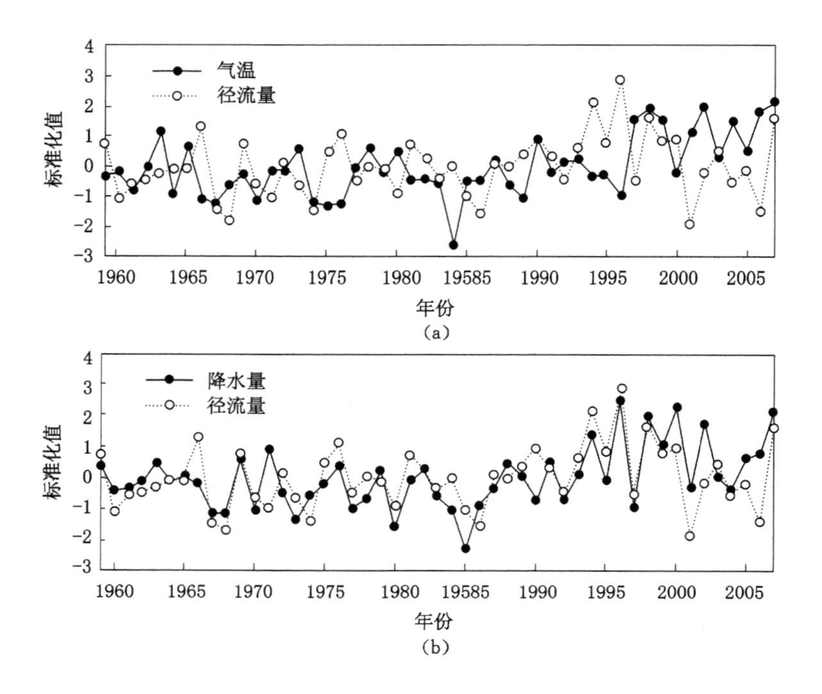

图 4-19　年径流量与气温和降水量标准化值的变化趋势

把乌鲁木齐河流域径流作为参考序列 x_0，把气温和降水量作为比较序列，计算两个序列的绝对差，再计算径流与气候因子的相关系数[16]。L_{01}是径流与降水量的相关系数，L_{02}是径流与气温的相关系数。

乌鲁木齐河流域径流与气候因子的相关度计算结果如下：绝对相关度 $L_{01}=0.725\ 8$；绝对相关度 $L_{02}=0.680\ 5$。相关次序为 $L_{01}>L_{02}$，表明乌鲁木齐河流域降水量对出山径流变化的影响比气温更为显著。

4.2.2　径流与气候变化要素的交叉小波分析

对乌鲁木齐河流域月降水量和月平均气温与平均径流量的分析是运用一种小型交叉小波分析方法进行的。

4.2.2.1　交叉小波的方法原理

由交叉谱分析与小波变换两种方法相结合而产生的交叉小波分析，是一种在时频域中研究两个信号相关性的分析方法[17-18]。交叉小波变换具有较强的信号耦合和分辨能力，便于描述耦合信号在时频域中的分布状况与位相关系，但对于揭示时频空间两个时间序列低能量区还存在一定不足，而交叉小波凝聚谱能较好地分析二者低能量区的显著相关性[7,19]。因此，通过对连续小波变换后的系数进行交叉小波变换及小波相关变换，对各气象和水文要素进行相互间的交叉小波能量谱（XWT）和小波凝聚谱（WTC）分析，可从多时间尺度探讨其在时频域中的相关性，并运用红噪声标准谱进行显著性检验[20]。

交叉小波用于分析两个序列间在时频域内的关系，这里亦采用 Morlet 小波。

两个时间序列 $x(t)$ 和 $y(t)$ 间的交叉小波谱（XWT）定义为：

$$W_{XY}(a,\tau)=C_X(a,\tau)C_Y^*(a,\tau) \tag{4-4}$$

式中　$C_X(a,\tau)$——序列 $x(t)$ 小波变换系数；

$C_Y^*(a,\tau)$——序列 $y(t)$ 小波变换系数的复共轭。

交叉小波能量谱能够反映两个序列经过小波变换后的相同能量谱区域，从而揭示两序列在不同时频域上相互作用的显著性。

另一个用来反映两个小波变换在时频域相干程度的量是小波凝聚谱（WTC），定义为：

$$R^2(a,\tau)=\frac{\left|S[a^{-1}W_{XY}(a,\tau)]\right|^2}{S[a^{-1}W_X(a,\tau)]S[a^{-1}W_Y(a,\tau)]} \tag{4-5}$$

其中，S 是平滑算子，定义如下：

$$S(W)=S_{scale}\{S_{time}[W(a,\tau)]\} \tag{4-6}$$

式中　S_{scale}——尺度平滑算子；

S_{time}——时间平滑算子[18]。

对于 Morlet 小波，有如下的平滑算子：

$$S_{time}(W)\big|_a=\left[W(a,\tau)*c_1 e^{-\tau^2/2s^2}\right]\big|_a \tag{4-7}$$

$$S_{scale}(W)\big|_\tau=\left[W(a,\tau)*c_1\prod(0.6a)\right]\Big|_\tau \tag{4-8}$$

式中　C_1、C_2—— 正规化参数；

$\prod$—— 矩形函数。

小波凝聚谱能够反映两个小波变换在时频域中的相干程度。

交叉小波相位角定义为$\arctan\{\mathscr{I}[W_{XY}(a,\tau)]/\mathscr{R}[W_{XY}(a,\tau)]\}$，位相谱反映两序列在不同时域的滞后性特征，据相位角正负向可分析时频域内两序列间的相关性[19]。

根据 Torrence-Compo 的经验，XWT 显著性检验的标准谱选择两个 x^2 分布积的平方根分布，复 Morlet 小波（自由度 $\nu=2$）的 80% 置信度下的置信水平

$Z_2(80\%)=2.405\ 6$。WTC 显著性检验采用以红噪声为标准谱的蒙特卡洛方法。

4.2.2.2 水文气象要素间的交叉小波分析

为了对气温和降水量与径流的多时间尺度关联性进行分析，分别对 AOI、大西沟气象站的月平均气温和月降水量的第一模态时间系数与英雄桥水文站的月平均径流量序列进行交叉小波能量谱、凝聚谱和位相谱计算[20]。

(1) AOI 与月平均气温

在分析全球气候变化对研究区气候变化的影响，以及二者在时频域中的相互关系的基础上，首先对大西沟气象站的月平均气温与 AOI 进行交叉小波和小波相干分析，如图 4-20 所示。

从交叉小波能量谱中可以看到，AOI 与大西沟气象站的月平均气温通过显著性检验的共振周期为 10～14 个月，并表现出了较好的全局性特征。这表明 AOI 和月平均气温变化具有极好的年内波动。此外，二者还存在 2～8 个月的间歇性准振荡周期。二者的相互作用既有正相关，也有负相关，并在 1972 年、1976 年、1988 年和 1995 年前后发生了突变。

交叉小波凝聚谱显示，AOI 与大西沟气象站月平均气温在高频区存在 2～6 个月的间歇性周期，而这种间歇性主要受 AOI 间歇性变化的影响。在 1960—1971 年、1978—1981 年、1983—1987 年、1989—1994 年和 2001—2003 年间存在 12 个月左右的共振周期，除 1989—1994 年外，二者表现出较好的正相关；在中频区，1964—1975 年和 1994—2003 年间存在 48 个月左右的共振周期，但分别表现为近似负相关和正相关；在低频区，1969—1995 年间存在 6～10 年的共振周期，且表现出了全局性特征，但是二者的相关关系并不稳定。这说明在该尺度上 AOI 对乌鲁木齐河流域的月平均气温变化产生较大的影响，而且其影响是不稳定的，并未表现出明显的正相关或者负相关。

(2) AOI 与月降水量

图 4-21 给出了 AOI 与大西沟气象站月降水量的交叉小波能量谱和凝聚谱。从交叉小波能量谱中可以看到，AOI 与大西沟气象站的月降水量存在 12 个月左右的显著性共振周期，具有近似的全局性特征。除了高频区间歇性的周期外，二者在其他频域中并没有通过置信度检验的共振周期[12]。

交叉小波凝聚谱显示，AOI 和大西沟气象站月降水量的共振周期与月平均气温的情况非常相似[21]。在高频区，存在 2～6 个月的间歇性共振周期，且相关关系并不稳定；在中频区，1960—1971 年、1979—1980 年、1983—1987 年、1989—1994 年和 2000—2003 年间存在 9～14 个月的共振周期，除 1989—1994 年为负相关外，其他均为正相关；此外，1963—1978 年还存在 30～36 个月的共

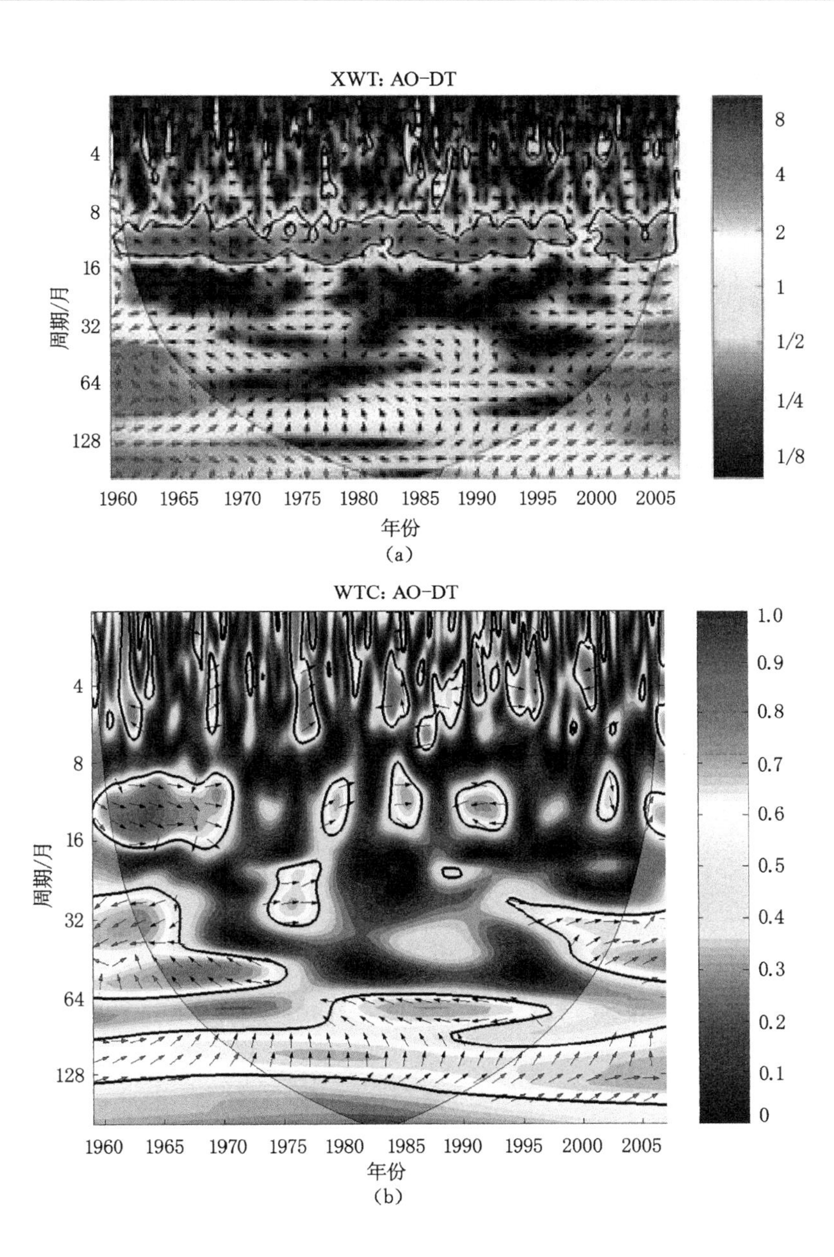

图 4-20　AOI 与大西沟气象站年平均气温的交叉小波能量谱和凝聚谱

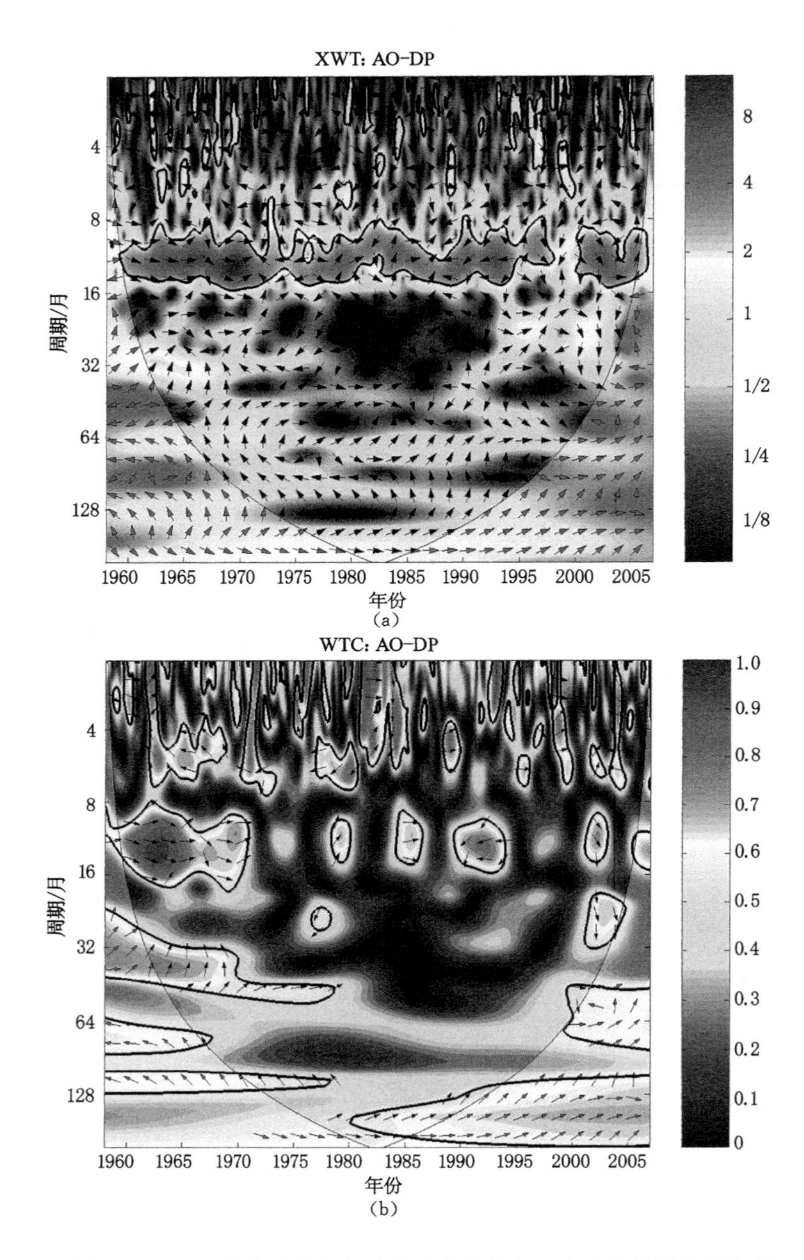

图 4-21　AOI 与大西沟气象站月降水量的交叉小波能量谱和凝聚谱

振周期。这表明降水量对 AOI 变化的响应和气温非常相似，但是其影响并不是稳定的。在不同频域和时间尺度上，二者的相关关系是不同的。

（3）AOI 与月平均径流

图 4-22 所示为英雄桥水文站月平均径流量与 AOI 的交叉小波能量谱和凝聚谱[8]。交叉小波能量谱显示年平均径流量与 AOI 存在 4 个共振周期。高能量区集中在 10～14 个月的共振周期，并表现出较好的全局性特征，二者在不同的时频域中具有不同的相关关系。二者在不同的时间序列中表现出 6 个月左右尺度的间歇性振荡周期。这说明 AOI 对乌鲁木齐河流域出山径流的影响主要表现在年内。从长远来看，二者不存在通过置信度检验的共振周期。但它们之间的交叉小波凝聚谱所显示的共振周期与 AOI 和月平均气温以及 AOI 和月降水量非常相似，通过置信度检验的高能量区分布也非常相像，尤其是在高频区。

（4）月平均气温与月平均径流

图 4-23 所示为大西沟气象站月平均气温与英雄桥水文站月平均径流量变化的交叉小波功率谱和小波相关平方功率谱。从月平均气温与月平均径流量的交叉小波功率谱图中可以看到：① 二者的相互影响主要集中在 1960—2005 年的 12 个月左右的主周期上，表明气温和径流在 12 个月尺度周期上存在着显著的相关性。② 二者的相互影响还表现在以下 6 个次周期上，即 1960—2005 年的 6 个月左右周期，说明在该尺度上气温对径流变化也具有一定的调节作用。也就是说，在不同年份的气温对径流变化的调节作用是不同的，即径流变化对气温的响应在不同时域内的尺度也有所不同[22]。

从月平均气温与月平均径流的小波凝聚谱上可以看出：① 除 1960—2005 年的 12 个月左右正相关外，其余 1972—1996 年的 72 个月左右、1976—1984 年的 24 个月左右、1992—2000 年的 24 个月左右、1994—2002 年的 48 个月左右和 1963—1968 年的 30 个月左右均存在负相关或近似负向相关的次周期。② 从以上交叉小波功率谱和小波相关平方功率谱的相位上也可以看出，气温对乌鲁木齐河流域径流的贡献，即在 12 个月左右的主周期上，二者表现为显著的正相位，这是因为在该尺度上，气温升高加速了流域内冰雪的消融过程，进而对河流形成了有效的补给。但在 6 个月尺度的次周期上，相位呈正负交错现象，说明该尺度上气温波动对径流的影响既有正面的也有负面的。也就是说，一方面径流会受到因气温升高而导致的冰雪消融加速，使河流补给增大。另一方面，也可能因为气温升高，流域蒸散发增大，对河流的补给降低。此外，72 个月、24 个月、36 个月和 48 个月左右的次周期均呈现近似负相关，这是因为从较

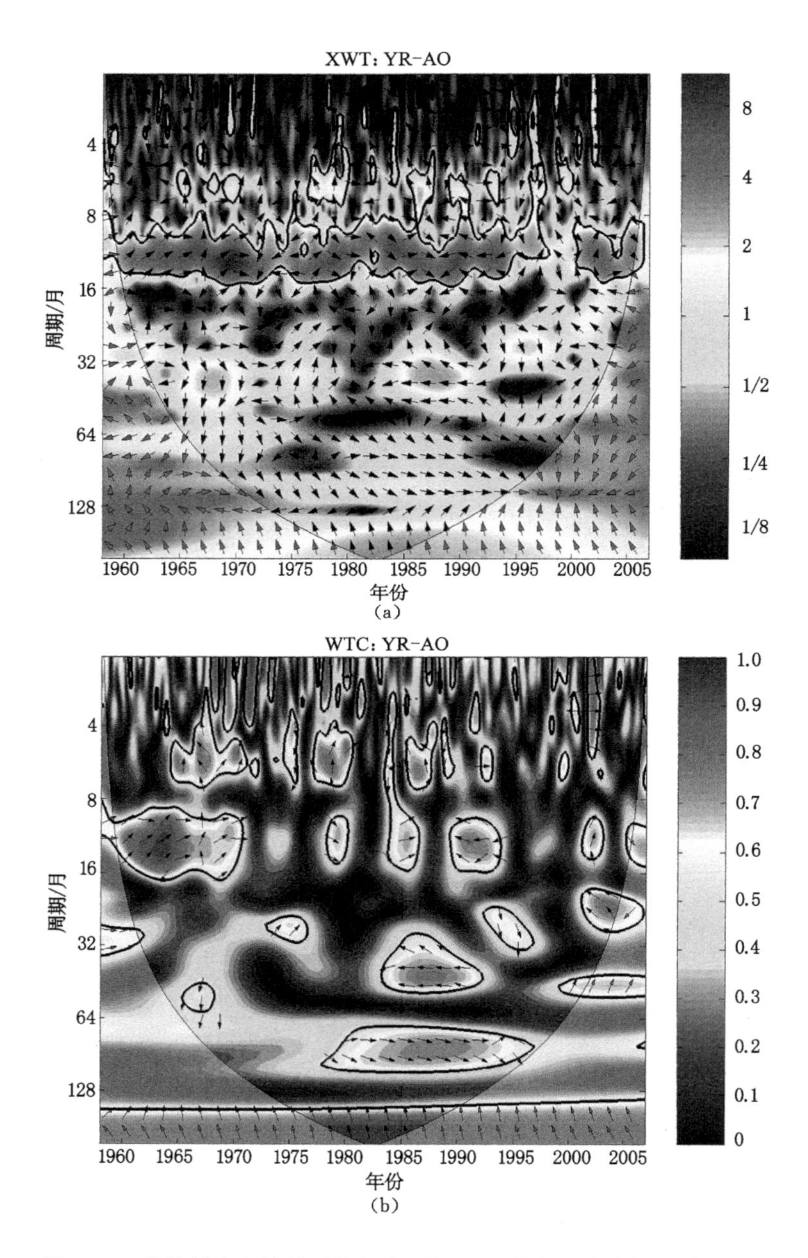

图 4-22　英雄桥水文站月平均径流量与 AOI 的交叉小波能量谱和凝聚谱

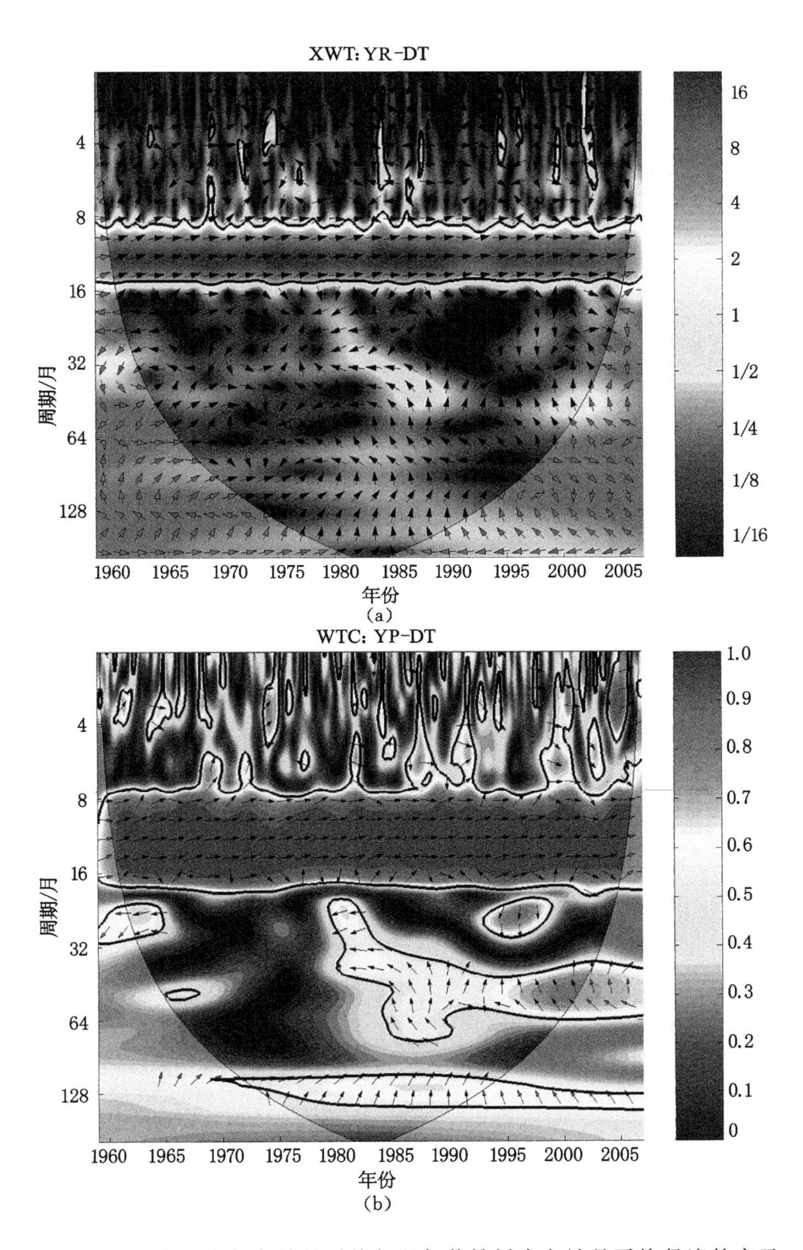

图 4-23　大西沟气象站月平均气温与英雄桥水文站月平均径流的交叉小波功率谱和小波相干功率谱

长时间尺度来看，气温的持续上升必然导致冰川消融加剧，而对流域的补给能力下降。③ 与交叉小波功率谱图对比发现，小波相关的高相关区域与前者的高能量区是基本吻合的。在低能量区内，1972—1996 年间的月平均气温和月平均径流量具有较好的相关性。

(5) 月降水量与月均径流量

图 4-24 所示为大西沟气象站月降水量与英雄桥水文站月平均径流量的交叉小波功率谱和小波相关平方功率谱。

从交叉小波功率谱图中可以看出：① 二者相互影响的最强区域(即交叉小波高能量区)主要集中在 1960—2005 年的 12 个月左右的主周期上，月降水量和月平均径流量的相关关系在该时频域中具有较强的全局性特征。② 二者间存在 5 个显著性水平不等的次周期，即 1960—2005 年的 6 个月左右的相关程度较高次周期，二者在此周期尺度上也表现出了较强的全局性特征。③ 在较长的周期尺度上，二者相互影响的不同尺度周期信号以及周期信号强弱的分布具有较强的局部特征。④ 在 6 个月左右尺度周期上，不同的年份存在着不同尺度和不同信号强度的周期信号。这是因为乌鲁木齐河流域上游地处高山内陆区，气温较低，大部分降水以固体降水形式存在，在不同季节，降水对河流形成有效补给所需的时间不同。

从小波相关平方功率谱图上可以看出：① 月降水量与月平均径流量具有非常好的相关性。在 1960—2005 年存在 12 个月左右的主周期，周期尺度的带宽较宽，尤其是 1993—2003 年，周期尺度的带宽向变宽的趋势发展。② 在 1966—1996 年的 72 个月左右的次周期是比较稳定的。③ 各个尺度的周期相关系数平方大部分在 0.8 以上，部分频域中接近 1.0，均呈现正相位。

从以上分析中可以看出，降水量是影响径流变化的主导因素，其影响不仅是持续的，而且是稳定的。另从交叉小波功率谱和小波相关平方功率谱的相位上同样可发现，降水量对乌鲁木齐河流域的径流变化具有非常重要的作用。无论是主周期还是 5 个次周期，相位角均呈正相位，说明在各个尺度上乌鲁木齐河流域上游月平均径流量与月降水量均表现为显著的正相关性。这是因为乌鲁木齐河上游海拔高，流域内坡降比较大，年平均气温相对较低，从而导致蒸散量较小，大部分降水在地表汇流而形成对河流的有效补给作用。

4.2.2.3 小结

在乌鲁木齐河流域，发现月平均气温和降水量与月平均径流量的相关关系主要集中在 12 个月左右的主周期和 6 个月左右的次周期。另外，气温对径流量的影响还表现在 36 个月左右和 72 个月左右等较显著的次周期上。而降水

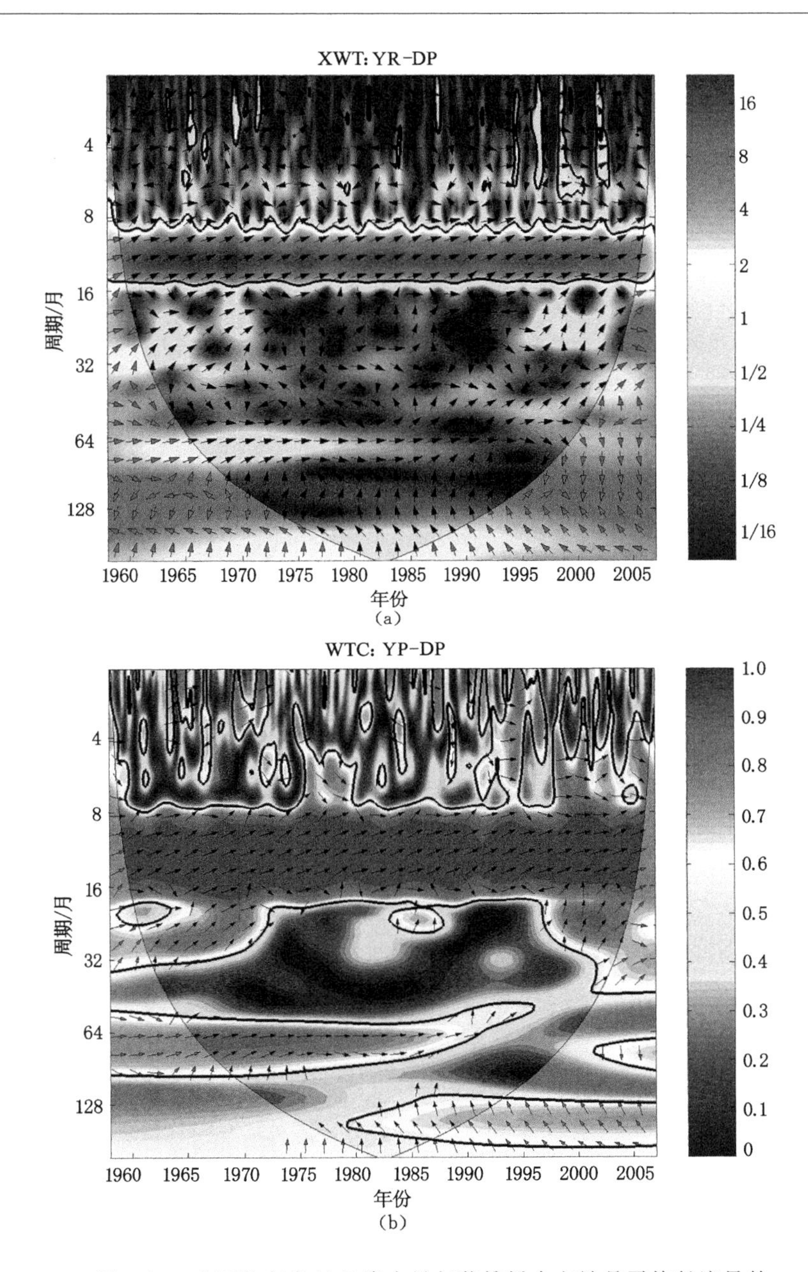

图 4-24　大西沟气象站月降水量与英雄桥水文站月平均径流量的交叉小波功率谱和小波相关平方功率谱

量对径流量的影响表现在24个月左右、36个月左右和72个月左右等较显著的次周期上。乌鲁木齐河流域月平均气温与月平均径流量在12个月尺度的主周期上表现为显著的正相位。但在6个月尺度的次周期上，相位正负交错，这说明在6个月尺度上，气温升高不仅会促使冰雪消融加速和增大河流的补给，而且气温升高也会导致流域蒸散发增大，从而降低对河流的补给。在24个月、36个月、48个月和72个月尺度的次周期均呈负相关或近似负相关。降水与径流无论是主周期还是5个次周期，相位角均呈正相位，即各个尺度上乌鲁木齐河流域上游月平均径流量与月降水量均表现为显著的正相关性。

参考文献

[1] 丁一汇，任国玉，石广玉，等. 气候变化国家评估报告(Ⅰ)：中国气候变化的历史和未来趋势[J]. 气候变化研究进展，2006，2(1)：3-8，50.

[2] 陈亚宁，徐长春，杨余辉，等. 新疆水文水资源变化及对区域气候变化的响应[J]. 地理学报，2009，64(11)：1331-1341.

[3] ADALGEIRSDÓTTIR G, GUDMUNDSSON G H, BJRNSSON H. Volume sensitivity of Vatnajökull Ice Cap, Iceland, to perturbations in equilibrium line altitude[J]. Joumal of geophysical research, 2005, 110(S2): 1-10.

[4] 折远洋. 天山乌鲁木齐河山区径流特征及其对气候变化响应研究[D]. 兰州：西北师范大学，2013.

[5] 谢萍，张双喜，汪海洪，等. 利用交叉小波技术分析三峡水库蓄排水过程对库区降雨量的影响[J]. 武汉大学学报(信息科学版)，2019，44(6)：821-829，907.

[6] 夏军，左其亭，邵民诚. 博斯腾湖水资源可持续利用：理论方法实践[M]. 北京：科学出版杜，2003.

[7] PAQUET E, GARAVAGLIA F, GARCON R, et al. The SCHADEX method: a semi-continuous rainfall-runoff simulation for extreme flood estimation[J]. Journal of hydrology, 2013, 495: 23-37.

[8] XIA J, DU H, ZENG S D, et al. Temporal and spatial variations and statistical models of extreme runoff in Huaihe River Basin during 1956—2010[J]. Journal of geographical sciences, 2012, 22(6): 1045-1060.

[9] 刘友存，侯兰功，焦克勤，等. 全球气候指数与天山地区气温变化遥相关分析[J]. 山地学报，2016，34(6)：679-688.

[10] 刘浏，刘丽丽，索滢. 近 53 a 黑河流域水文气象要素时空演变特征[J]. 干旱区研究，2017，34(3)：465-478.

[11] 丁婧祎，赵文武，王军，等. 降水和植被变化对径流影响的尺度效应：以陕北黄土丘陵沟壑区为例[J]. 地理科学进展，2015，34(8)：1039-1051.

[12] 张士锋，华东，孟秀敬，等. 三江源气候变化及其对径流的驱动分析[J]. 地理学报，2011，66(1)：13-24.

[13] 李林，王振宇，汪青春. 黑河上游地区气候变化对径流量的影响研究[J]. 地理科学，2006(1)：40-46.

[14] 施雅风. 中国西北气候由暖干向暖湿转型问题评估[M]. 北京：气象出版社，2003.

[15] 崔玉环，叶柏生，王杰，等. 乌鲁木齐河源 1 号冰川水文断面不同时间尺度径流估算[J]. 干旱区资源与环境，2013，27(7)：119-126.

[16] 董磊华. 考虑气候模式影响的径流模拟不确定性分析[D]. 武汉：武汉大学，2013.

[17] TORRENCE C，COMPO G P. A practical guide to wavelet analysis[J]. Bulletin of the American meteorological society，1998，79(1)：61-78.

[18] GRINSTED A，MOORE J C，JEVREJEVA S. Application of the cross wavelet transform and wavelet coherence to geophysical time series[J]. Nonlinear processes in geophysics，2004，11(40)：561-566.

[19] CHEN C M，LABAT K，BYE E. Physical characteristics related to brafit [J]. Ergonomics，2010，53(4)：514-524.

[20] 刘友存，刘志方，郝永红，等. 基于交叉小波的天山乌鲁木齐河出山径流多尺度特征研究[J]. 冰川冻土，2013，35(6)：1564-1572.

[21] 张兵，王中良. 天津地区降水和气温的变化趋势及多尺度交叉小波分析[J]. 天津师范大学学报(自然科学版)，2016，36(1)：32-39.

[22] 陈亚宁，徐长春，杨余辉，等. 新疆水文水资源变化及对区域气候变化的响应[J]. 地理学报，2009，64(11)：1331-1341.

第5章 极端气候事件对出山径流的影响

气候变化受人类活动的影响毋庸置疑，就从全球气候变暖这一事实而言，极端气候事件发生的概率和强度在不断地增强[1-2]。

5.1 近百年来雨涝和干旱事件的时空变化

研究表明，我国年平均气温以 0.23 ℃/10 a 的速率上升，为全球气温上升的 2 倍。在全球气温升高的背景下，极端降水事件的增多加剧了旱涝灾害的发生频率和强度，严重影响着人类的生存和农业经济的发展[3-4]。据统计，1990—2013 年我国因气象灾害死亡 9.1 万人，直接经济损失 5.5 万多亿元人民币以上。

近年来，国内学者对我国不同省份、流域和自然区域的旱涝灾害进行了探索性研究。

5.1.1 降水量距平

我国每年都会出现不同程度的雨涝灾害等极端事件，李佳秀等[5]对极端降水指数的年代变化进行了分析，如图 5-1 所示。从图中可以看出，从 20 世纪 60 年代到 21 世纪初(2000—2013 年)，强降水日数呈现上升趋势。持续湿润指数的多年平均值为 2.82 d，90 年代的持续湿润指数最大。由图 5-1 还可以看出，20 世纪 90 年代和 21 世纪初的正距平分别为 0.14 d 和 0.06 d，而其他时段都是负距平，80 年代最小，为－0.11 d。2000—2013 年的单日最大降水量天数最多，所以此时段都是正距平，其余时段都是负距平，60 年代最少。5 日最大降水量天数最多的年份同样是 2000—2013 年，距平为正值的年份有 70 年代、90 年代和 21 世纪初，21 世纪初的距平值最高为 1.7 mm。60 年代和 80 年代的负距平分别为－2.2 m 和－1.7 m，所以 60 年代最少。强降水量亦可根据距平值来判断，21 世纪初强降水量最多，60 年代最少。根据距平值，年总降水量一直呈现上升趋势。

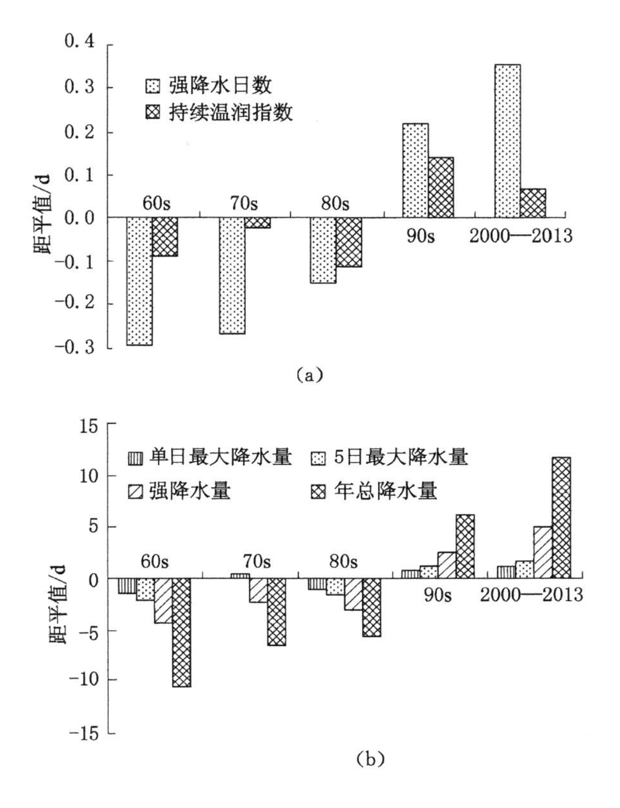

图 5-1　极端降水指数的年代距平

对乌鲁木齐河流域极端降水指数的年代倾向率(表 5-1)和年代趋势系数(表 5-2)做了以下分析[5]。从两表中可以看出,强降水日趋势率仅在 20 世纪 70 年代下降,年代倾向率为－0.04 d/10 a,年代趋势系数为－0.01,80 年代最大,年代倾向率为 0.76 mm/10 a,年代趋势系数为 0.40;90 年代降水量最大,年代倾向率为 9.77 mm/10 a,年代趋势系数为 0.46;60 年代,年代倾向率为 8.80 mm/10 a,年代趋势系数为 0.42;2000—2013 年最低,年代倾向率为 3.62 mm/10 a,年代趋势系数为 0.19。几十年来,日最大降水量呈现上升趋势,其中 60 年代为 3.03 mm/10 a,年代趋势系数为 0.55;80 年代次之,年代倾向率为 2.46 mm/10 a,年代趋势系数 0.31;90 年代,年代倾向率为 0.20 mm/10 a,年代趋势系数为 0.04。5 日最大降水量也呈现上升趋势,20 世纪 80 年代,年代倾向率为 3.09 mm/10 a,年代趋势系数为 0.24;2000—2013 年,年代倾向率为 2.66 mm/10 a,年代趋势系数为 0.32;90 年代倾向率最小,为 1.61 mm/10 a,年代趋势系数为 0.13。数十年来总降水量呈现上升趋势，80 年代上升趋势最显著，年代倾向率为 25.78 mm/10 a，年代趋势系数为 0.39；70 年代上升趋势最弱，年代倾向率为 0.69 mm/10 a，年代趋势系数为 0.02；60 年代和 90 年代持续湿润指数的年代倾向率分别为 －0.15 d/10 a 和－0.27 d/10 a，年代趋势系数分别为－0.18 和－0.28；70 年代、80 年代和 21 世纪初的前 20 年倾向率分别为 0.17、0.17 和 0.11 d/10 a，年代趋势系数分别为 0.34、0.24 和 0.24。由此可见，90 年代持续湿润指数的趋势较强。

表 5-1　极端降水指数的年代倾向率　　单位：d/10 a

项目或内容	60 年代	70 年代	80 年代	90 年代	2000—2013 年
R10	0.56	－0.04	0.76	0.76	0.12
R95p	8.80	4.60	5.83	9.77	3.62
RX1day	3.03	2.26	2.64	0.20	2.09
RX5day	1.72	2.39	3.09	1.61	2.66
PRCPTOT	6.38	0.69	25.78	6.24	3.82
CWD	－0.15	0.17	0.17	－0.27	0.11

表 5-2　极端降水指数的年代趋势系数

项目或内容	60 年代	70 年代	80 年代	90 年代	2000—2013 年
R10	0.37	－0.01	0.40	0.22	0.08
R95p	0.42	0.28	0.26	0.46	0.19
RX1day	0.55	0.39	0.31	0.04	0.37
RX5day	0.21	0.28	0.24	0.13	0.32
PRCPTOT	0.13	0.02	0.39	0.10	0.10
CWD	－0.18	0.34	0.24	－0.28	0.24

5.1.2　*Z* 指数

采用线性趋势法和六项曲线拟合（图 5-2）以及年代倾向率法（表 5-3），分析极端降水六项指标的年变化状况[6]。

从表 5-3 中可以看出，单日和 5 日最大降水量、强降水量和年总降水量都呈现增长趋势，并且极端降水量同样呈现增长趋势。因此，强降水日数和持续湿润指数也随之呈现上升趋势。年内最大日降水量 2012 年最大，为 24.6 mm，其次是 2007 年，1980 年最低，最大日降水量只有 14.1 mm。20 世纪 70 年代存在

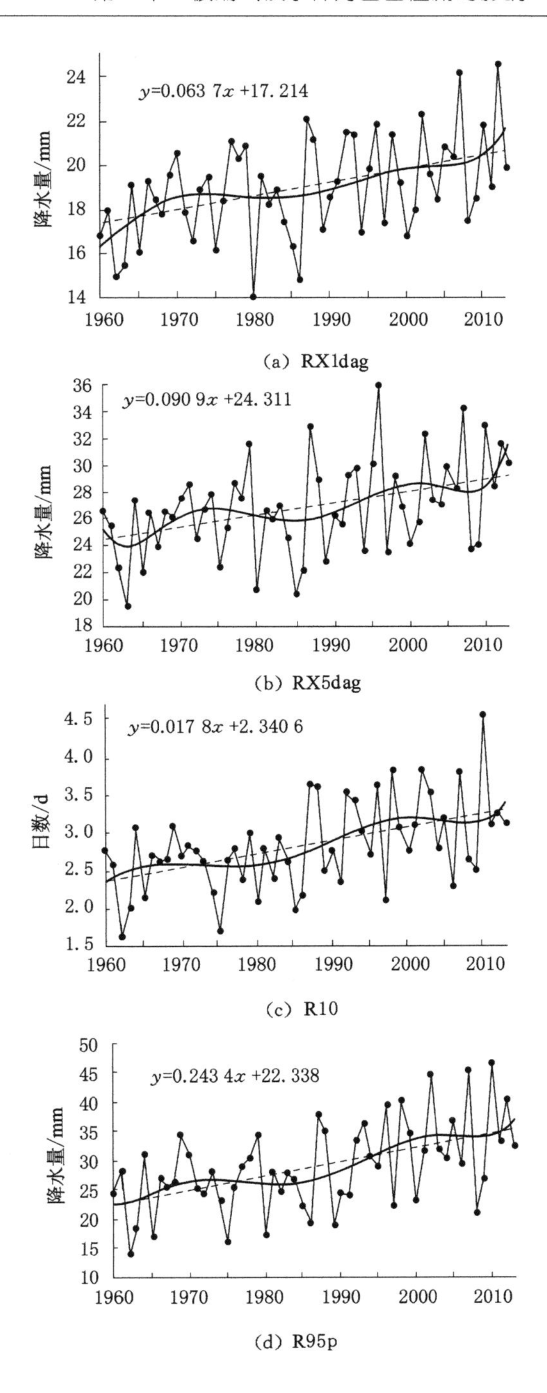

(a) RX1dag

(b) RX5dag

(c) R10

(d) R95p

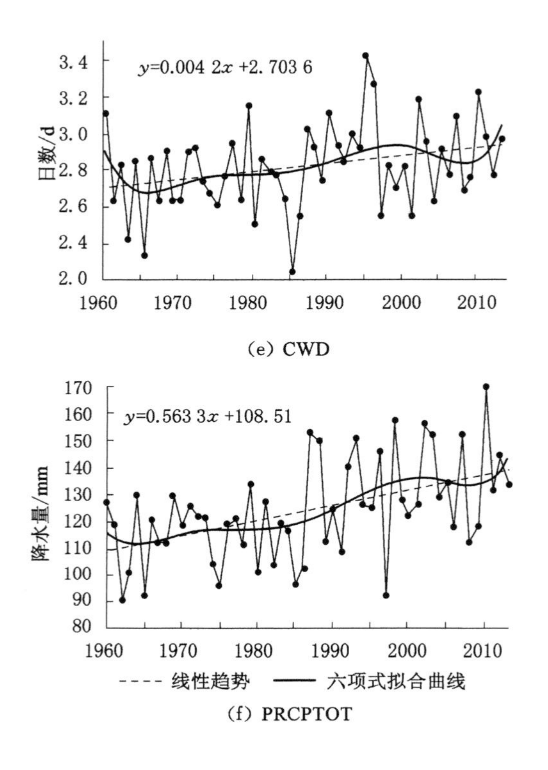

(e) CWD

(f) PRCPTOT

图 5-2　极端降水指数的年际变化

明显的上升趋势，之后波动不大，呈现缓慢上升趋势。5 日最大降水量出现在 1996 年(36.0 mm)，1963 年出现最小值(19.5 mm)，而年度间的变化呈现上升-下降-上升-下降的波动趋势。表现为上升趋势的时间是 20 世纪 70 年代和 90 年代，其余时间则为下降趋势。2010 年出现强降水日数的最大值(4.6 d)，1962 年出现最小值(1.6 d)，而年度间的变化表现为上升-下降-上升-下降的波动，上升趋势的表现时间为 20 世纪 60 年代和 90 年代，其他时间则呈现下降趋势。2010 年出现强降水量的最大值(46.7 mm)，1962 年时出现最小值(14.0 mm)，而年度间的变化表现为上升-下降-上升-下降的波动，上升趋势的表现时间为 20 世纪 60 年代和 90 年代，其他时间则呈现下降趋势。在 1995 年出现持续湿润指数的最大值(3.4 d)，1985 年出现最小值(2.3 d)，而年度间的变化呈现缓慢上升趋势，但 21 世纪前 10 年呈现明显下降趋势。

表 5-3　极端降水指数的年代倾向率

RX1day	RX5day	R10	R95p	CWD	PRCPTOT
0.44**	0.40**	0.48**	0.52**	0.34*	0.48**

注:“*”表示通过了 0.05 显著性检验;“**”表示通过了 0.01 显著性检验。

5.1.3　年平均降水量等值线

极端降水指数的周期变化特征如图 5-3 所示。采用 Morlet 小波分析方法可以揭示极端降水量的周期变化特征[7]。23～30 a、12～20 a 和 3～8 a 为三种单日最大降水量时期的规律模式。从小波方差可以看出 28 a、18 a 和 7 a 是单日最大降水量的最大值。其中,最大值对应的时间范围是 28 a,为时间尺度最强。5 日最大降水量有三种周期性变化:25～30 a、12～18 a 和 3～8 a。其中,25～30 a 周期有两个准周期,即稳定期和全局期。小波方差分析还表明,28 a、18 a 和 7 a 是 5 日最大降水量的三个峰值。其中,最大峰值对应 28 a 的时间尺度,为第一个主周期,其次是 18 a 的时间尺度,为第二个主周期。强降水日数的三种周期性变化是:25～30 a、15～20 a 和 5～10 a。自 20 世纪 80 年代以来,强降水日数的周期变化在 5～10 a 范围内较为稳定。小波方差分析结果表明,强降水日数的明显峰值主要是在 8 a 左右,周期变化不易看出,其变化特点主要以 8 a 为一周期。25～30 a、15～20 a 和 4～10 a 是其主要的周期变化,且 4～10 a 周期变化很小。小波方差分析结果表明,28 a、18 a、7 a 和 4 a 是强降水量的 4 个最易看出的峰值。其中,有两个主要的时间段,第一是最大峰值的 28 a 时间尺度,第二个是 18 a 的时间尺度。连续湿润指数也有两个时间尺度:25～30 a 和 15～20 a,而变化周期比较稳定。在 25～30 a 和 15～20 a 时间尺度上分别有 2 个和 4 个准周期。分析表明,降水量最大值为 28 a 的时间尺度,可通过 28 a 和 18 a 的峰值比较容易看出。年总降水量变化规律一般在 25～30 a 之间变化,90 年代以前在 15～20 a 之间,90 年代以后在 16～22 a 之间。进一步分析可知,比较容易看出的最大值有 29 处,说明 29 a 的周期变化更为明显。

5.1.4　Palmer 干旱指数

地处西北地区的新疆,干旱是最常见的自然灾害之一[8-9]。由于其波及范围广、持续时间长,当地政府和人民付出的经济代价很高,并已成为最严重的气象灾害之一。由于全球气温升高,预防和减轻干旱灾害已经成为国内外一个主要的话题。目前国内外对极端干旱进行了许多研究,气候专家正在开展的大量

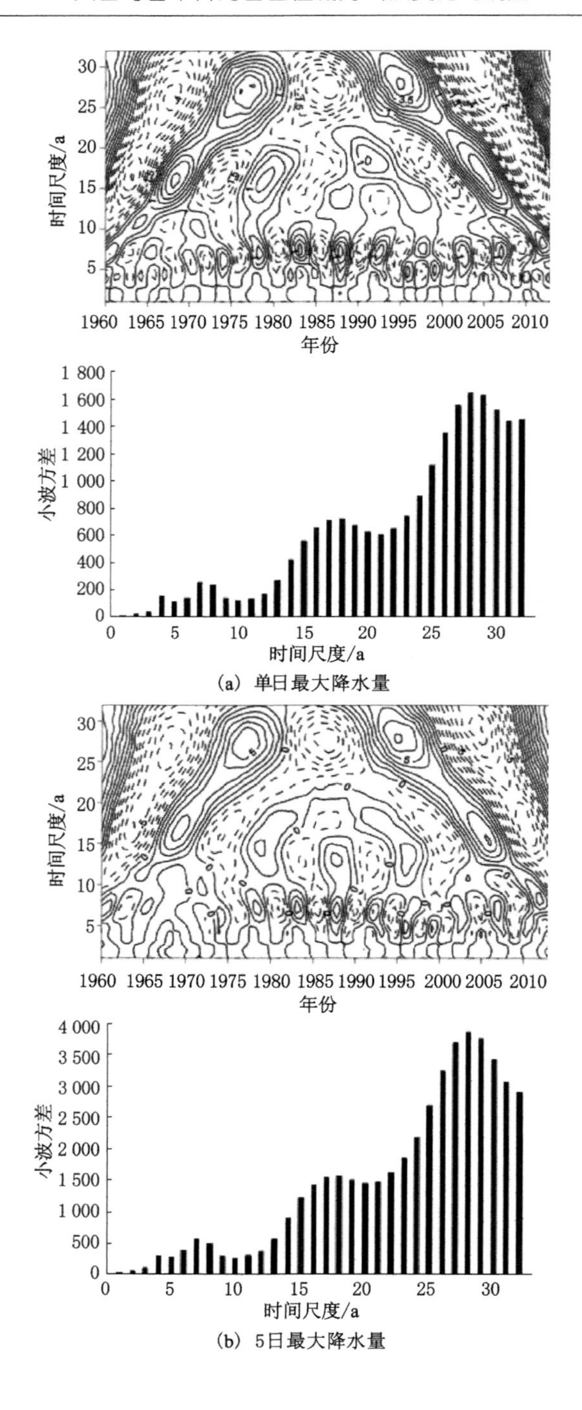

(a) 单日最大降水量

(b) 5日最大降水量

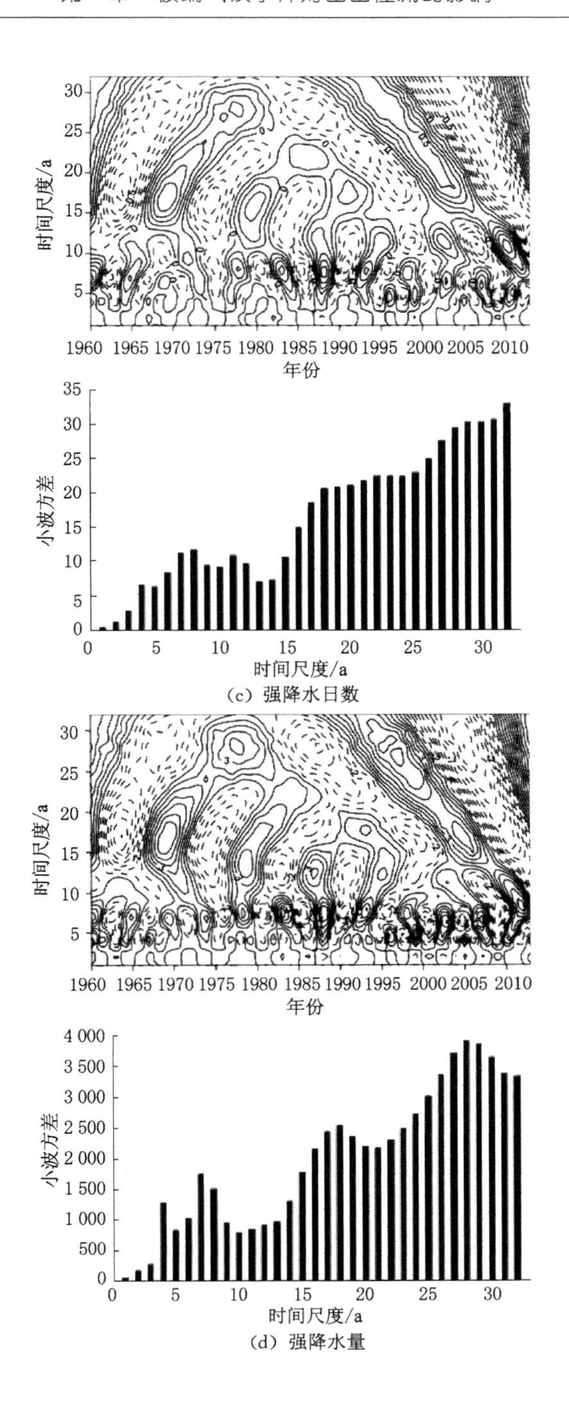

时间尺度/a
年份
小波方差
时间尺度/a
(c) 强降水日数
时间尺度/a
年份
小波方差
时间尺度/a
(d) 强降水量

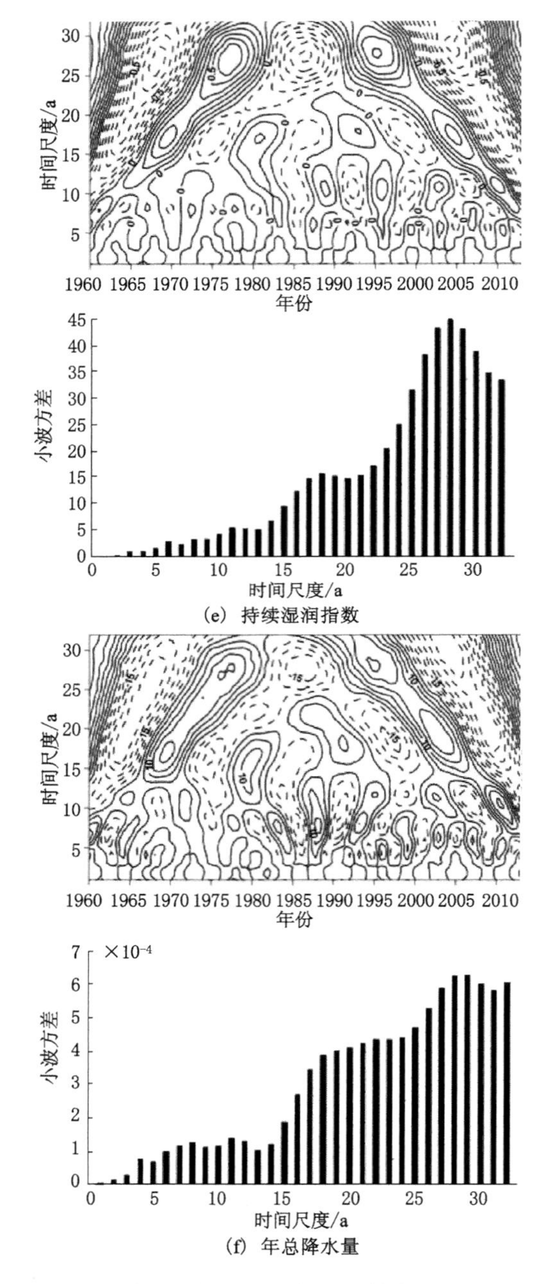

(e) 持续湿润指数

(f) 年总降水量

图 5-3 极端降水指数小波系数实部等值线和小波方差

工作来制定干旱指标。但是,这些指标还有待健全中,所以还不能广泛应用于实际生活当中去。Palmer 干旱指数(Palmer Drought Severity Index,PDSI)是将缺水和干旱时间长短对干旱水平的影响结合起来,并以此作为气候条件的一个组成部分,可以更好地进行时间比较,这一指标客观地描述了干旱的特征[10]。20 世纪 60 年代 Palmer 提出的 PDSI 指数,不仅可以对任何时候的干旱程度进行量化,而且还能对今后的干旱趋势和影响做出合理的科学预估,并对数据进行了规范化(－10≤PDSI≤＋10),从而为今后干旱趋势的发展提供依据,同时在世界范围内的应用日益受到关注[11]。

(1) PDSI 指数与降水量和气温的关系

夏季是塔城地区农牧业生产的最关键时期,但由于气温高和降水量少,夏季成为该地区受干旱影响最严重的季节。侯建楠等[12]通过相关分析得出,PDSI 指数与夏季降水量呈现显著的负相关,相关系数为 0.470;与夏季气温呈现显著的正相关,相关系数为－0.558。PDSI 指数与夏季降水量的偏相关系数为 0.309,与夏季气温的偏相关系数为－0.448。上述相关系数已达到 0.01(图 5-4)。同时,夏季(6—8 月)的 PDSI 指数也受前期降水量和气温的影响。干旱是持续缺水的结果,但不一定是一个月降水量稀少造成的。严重干旱是需要连续几个月的降水量稀少才易形成,所以了解最初的湿度积累情况可以更好地确定一个月的干旱程度。PDSI 指数很好地反映了降水量和月气温造成的干旱水平[13]。因此,它反映了上一个时期降水的累积特性。

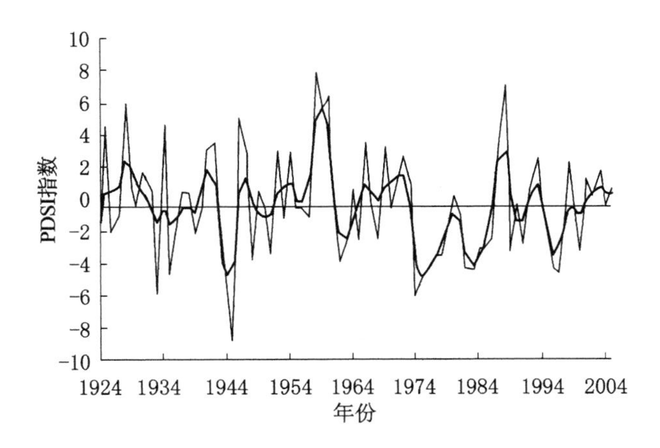

图 5-4　82 年来塔城夏季 PDSI 指数的逐年变化(细折线)和其 5 年低通滤波曲线(粗曲线)

(2) 82 年来塔城夏季 PDSI 指数的变化特征

图 5-4 所示为 82 年来塔城地区夏季 PDSI 指数及其 5 年低通滤波曲线，PDSI 指数夏季平均值为－0.46，标准差为 3.0。当地干旱和湿润地区的划分应重新界定或者要考虑研究区域的实际情况，并将 PDSI 指数值列入地图，两者之间的范围被视为塔城地区的正常湿度，PDSI≤3.75 或≥2.83 是确定干旱期或极端湿润增长期的起点，具体视实际情况而定[14]。根据塔城地区夏季 PDSI 指数和上述标准，1933 年、1944 年、1945 年、1974 年和 1975 年是过去 82 年来最为干旱的 5 年(见表 5-4)，这些年份的干旱期在新疆地区的许多树木年轮气候序列中均有反映，其中 1974 年是近 30 年来降水量最低的一年[15]。塔城地区进入了 82 年来最长的干旱阶段，1944—1945 年也是有史以来最干旱的时期。20 世纪 20～30 年的干旱期在西部大部分地区非常普遍，并未发生大规模的干旱。显而易见，在过去 30 年中 PDSI 指数呈现上升趋势。特别是自 20 世纪 80 年代以来，与新疆地区近 20 年降水量的增加相吻合。

表 5-4　塔城地区干湿发生频率及极端值对应年份

干旱年份	PDSI 指数值	湿润年份	PDSI 指数值	干旱年份	PDSI 指数值	湿润年份	最湿年份	PDSI 指数值
1933	－5.95	1960	6.49	1990	－1.01	1960	0.18	
1944	－4.80	1928	5.85	1930	－0.73	2000	0.04	
1945	－8.76	1958	7.85	1970	－1.96	1950	1.15	－0.45
1974	－6.09	1988	7.14	1980	－1.09	1920	0.71	
1975	－4.66	1946	5.14	1940	－0.71			

5.2 用 GPD 模型计算乌鲁木齐河流域出山径流的极值变化

气候变化不仅影响全球水资源的变化，而且在一定程度上可能加剧洪涝灾害的发生[16]。水资源分布不均造成的洪涝灾害等极端水文现象，可能导致流域水资源短缺，洪涝灾害频发，严重威胁人民生活和社会经济的可持续发展。因此，很有必要深入研究气候变化对水文极端事件的影响。在前人工作的基础上，运用广义 Pareto 分布(GPD)模型，对乌鲁木齐河和黑河流域的径流变化进行分析研究[17]。

5.2.1 GPD 模型的原理和方法

5.2.1.1 GPD 模型的原理

所采用的广义 Pareto 极值分布模型的计算原理如下[18]。

假设$\{X_1, \cdots, X_n\}$是独立同分布的随机变量序列。令：

$$M_n = \max\{X_1, \cdots, X_n\} \tag{5-1}$$

如果存在规范化数列$\{a_n\}$、$\{b_n\}$，使得对足够大的 n，有：

$$P_r(M_n \leqslant a_n x + b_n) \approx H(x;\mu,\sigma,\xi) \tag{5-2}$$

其中

$$H(x;\mu,\sigma,\xi) = \exp\left\{-\left[1+\xi\left(\frac{x-\mu}{\sigma}\right)\right]^{-1/\xi}\right\}, \sigma > 0 \tag{5-3}$$

是定义在$\{x : 1+\xi(x-\mu)/\sigma\}$上的函数，称为广义极值分布。则对于足够大的阈值 u，在 $X>u$ 的条件下，$Y=X-u$ 的分布近似为广义 Pareto 分布(GPD)：

$$G(y;\tilde{\sigma},\xi) = 1-\left(1+\frac{\xi y}{\tilde{\sigma}}\right)^{-1/\xi}, y > 0 \text{ 且}\left(1+\frac{\xi y}{\tilde{\sigma}}\right) > 0 \tag{5-4}$$

其中，$\xi \in R$ 为形状参数，$\tilde{\sigma}>0$ 为尺度参数。形状参数 ξ 决定了 GPD 的类型。$\xi=0$、$\xi>0$、$\xi<0$ 相应的 GPD 分别为 Pareto Ⅰ型、Pareto Ⅱ型和 Pareto Ⅲ型。如果随机变量 X 表示径流量，当 $\xi=0$ 时，即 GPD 为 Pareto Ⅲ型，径流量具有上限值。当 $\xi\geqslant 0$ 时，即 GPD 为 Pareto Ⅰ型和Ⅱ型，径流量没有上限值，即径流量可以无限大。尺度参数 $\tilde{\sigma}$ 表示超过阈 u 的径流量波动程度，如果 $\tilde{\sigma}$ 较大，表明超阈值的径流量变化大；反之，则超阈值的径流量变化较小。$\tilde{\sigma}$ 可以用下式表示：

$$\tilde{\sigma} = \sigma + \xi(u-\mu) \tag{5-5}$$

为简化模型，我们假定 $\mu=0$，则有：

$$\tilde{\sigma} = \sigma + \xi u \tag{5-6}$$

5.2.1.2 阈值选取

阈值选取通常有两种方法：平均剩余寿命图(也称平均超出量图)和判断阈值改变引起的参数估计量的变化。

平均剩余寿命图是基于 GPD 的平均超出量函数 $e(u)$：

$$e(u) = E(X-u \mid X>u) = \frac{\tilde{\sigma}}{1-\xi} = \frac{\sigma+u\xi}{1-\xi} \tag{5-7}$$

即平均超出量函数 $e(u)$是阈值 u 的线性函数。对给定的样本$\{X_1, \cdots, X_n\}$，定义样本的平均超出量函数：

$$e_n(u) + \frac{1}{N_u}\sum_{i\in\Delta_n(u)}(X_i - u) \tag{5-8}$$

这里 N_u 表示超出量的个数，$\Delta_n(u)$ 是所有超阈值变量下标的集合，如果对于某个阈值 u_0，样本超出量分布近似服从 GPD，则样本平均超出量 $e_n(u)$ 是 GPD 的平均超出量 $e_n(u)$ 的估计。由式(5-7)可知，$e_n(u)$ 与阈值 u 近似为线性关系，它们构成的散点图应该在一条直线附近波动。

点集 $\left\{u, \frac{1}{N_u}\sum_{i\in\Delta_n(u)}(X_i - u) : u < X_{\max}\right\}$ 称为平均剩余寿命图，或者平均超出量图。如果 $u_0 > 0$，使得 $e_n(u)$ 关于 $u \geqslant 0$ 近似为斜率不变的直线，则选取 u_0 为合理的阈值。

判断阈值 u 改变引起的参数估计值的变化是选取阈值的另外一种方法。如果初始阈值 u_0 对应的样本超出量 $X-u_0$ 近似服从 GPD 模型，则对于大于 u_0 的阈值 u，形状参数 ξ 的估计值应该保持不变。令：

$$\sigma^* = \tilde{\sigma} - \xi u \tag{5-9}$$

则 σ^* 与 u 无关，称为修正的尺度参数。

因此，如果 u_0 是适当的阈值，相应的样本超出量服从 GPD 模型，则对大于 u_0 的阈值 u，相应的参数估计量大致保持不变。考虑到抽样误差，它们应该分别在某一常数上下波动。选择使这两个估计量保持不变的最小值为 u_0。

5.2.1.3 参数估计

参数估计采用极大似然估计方法。如果样本超出量 $Y = X - u_0$ 服从 GPD，则 GPD 密度函数的对数似然函数为：

$$l(\tilde{\sigma}, \xi) = -N_u \ln \tilde{\sigma} - \left(\frac{1}{\xi} + 1\right)\sum_{i\in\Delta_n(u_0)} \ln\left(1 + \frac{\xi}{\sigma} Y_i\right) \tag{5-10}$$

其中，N_u 表示样本中超阈值的个数，$\Delta_n(u_0)$ 是所有超阈值随机变量下标的集合。使 $l(\tilde{\sigma}, \xi)$ 达到最大值的 $\tilde{\sigma}$ 和 ξ 就是参数的极大似然估计值，记为 $\hat{\tilde{\sigma}}$ 和 $\hat{\xi}$。

5.2.1.4 重现水平预测

如果随机变量样本 $X_1, \cdots, X_n$ 的超阈值序列服从 GPD 模型，则由式(5-4)可以得到随机变量 X 的 N 年重现水平：

$$x_N = u_0 + \frac{\hat{\tilde{\sigma}}}{\hat{\xi}}\left[(Nn_x, s_{u_0})^{\hat{\xi}} - 1\right] \tag{5-11}$$

其中，u_0 为选定的阈值，n_x 表示随机变量每年的观测次数，s_{u_0} 为超阈值的观测值数占总观测值数的比例，$\hat{\tilde{\sigma}}$、$\hat{\xi}$ 分别为尺度参数和形状参数的极大似然估计值。重现水平 x_N 表示平均 N 年出现一次的极值。选取不同的重现期 N 值，由式(5-11)可以得到对应的重现水平 x_N。用轮廓似然方法或者极大似然方法，就可以得到重现水平的95%置信区间[19]。

5.2.2　出山径流的极值变化

选取乌鲁木齐河流域英雄桥站49年(1958—2006年)的月平均径流量资料，即588个月平均径流量数据，建立GPD模型，可标记为 X_t，$t=1,2,3,\cdots,588$，并认为 X_t 是独立同分布的随机变量(图5-5)。

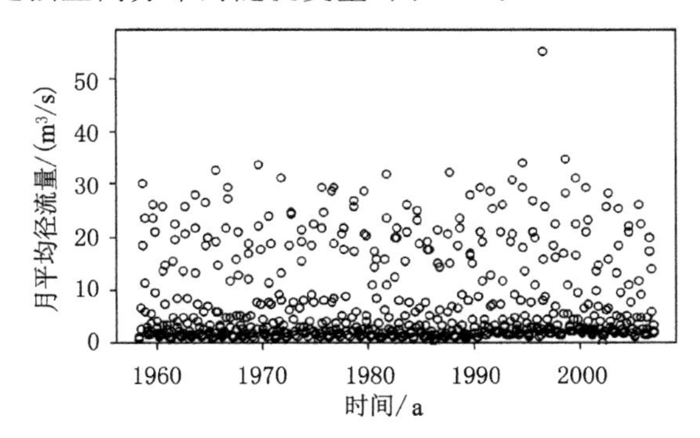

图5-5　1958—2006年英雄桥站月平均径流量变化的散点图

计算乌鲁木齐河上游月平均径流量的极值变化。首先要选取合理的阈值 u_0，阈值 u_0 的确定采用了两种方法：一是通过平均超出量图，二是通过观察GPD模型中参数，即修正的尺度参数 σ^* 和形状参数 ζ 随阈值 u 的变化情况来确定合理的阈值 u_0。

平均超出量图法(图5-6)，由平均超出量图可以看出，当阈值 u 在区间之间时，平均超出量(纵坐标值)与阈值之间存在线性关系。由于平均超出量图提供的可能阈值 u_0 的范围太大，无法在较小的区间内选取阈值 u_0。因此，选用修正的尺度参数 σ^* 和形状参数 ζ 随阈值 u 的变化情况来确定合理的阈值 u_0。

图5-7(a)显示当阈值 u 在区间[19.92,22.71]之间时，修正的尺度参数 σ^* 以常数6.630为中心上下波动，说明合理的阈值 u_0 应在此区间内选取。同理，即可绘制出形状参数 ζ 随阈值 u 的变化情况[图5-7(b)]，当阈值 u 在区间[19.92,22.71]之间时，形状参数 ζ 以常数−0.042 6为中心上下波动，说明合理的阈值 u_0 应在区间[19.92,22.71]内选取。选取的阈值是否合理，可以通过GPD模型的检验图来判断。数据分析过程中，在区间[19,23]之间分别选取了11个可能

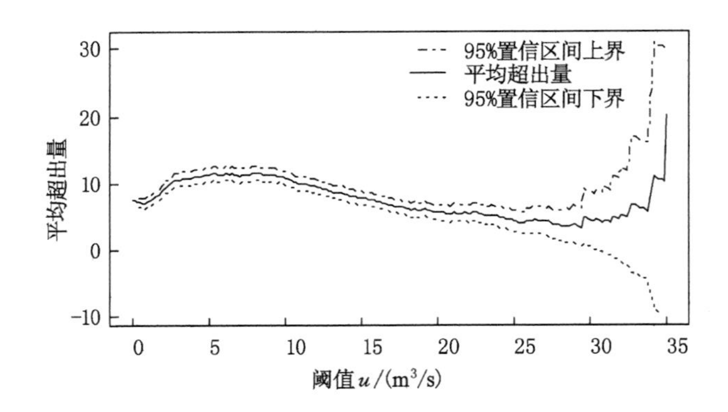

图 5-6 英雄桥站月平均径流值的平均超出量图

的阈值，并分别做出 GPD 模型检验图进行检验。结果表明，当选取阈值 $u_0=20$ 时，对于此后所有大于 u_0 的阈值 u，超过阈值 u 的月平均径流量的观测值都在 GPD 模型得出的相应重现水平的 95％的置信区间内。因此，选取阈值 $u_0=20$。

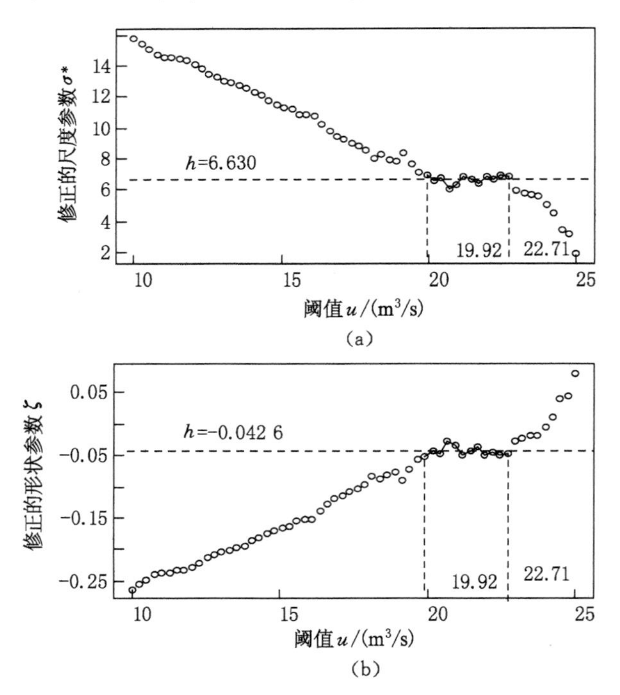

图 5-7 洪水期修正的尺度参数 σ^* 和形状参数 ζ 随阈值 u 的变化

对于选定的阈值 u_0 应用极大似然方法估计 GPD 模型的形状参数 ξ 和尺度参数 $\tilde{\sigma}$，最后做出月平均径流量超出量的 GPD 模型检验图，包括概率图、分位数图、重现水平图和密度直方图(图 5-8)。其中，在概率图和分位数图中，超阈值统计量与 GPD 模型拟合值形成的点近似分布在一条斜率为 45°的直线周围，说明了 GPD 模型拟合的月平均径流量超阈值的概率分布与实际观测的超阈值的概率分布相吻合，即拟合的月平均径流量值与实际观测值相一致。在重现水平图中，实际观测到的超阈值月平均径流量值都在 GPD 模型得到的相应重现水平的置信区间内。密度直方图展示了观测到的超阈值月平均径流量的频率分布直方图与 GPD 模型拟合的密度曲线具有同样的趋势。因此，GPD 模型与月平均径流量超出量分布的拟合度很好。

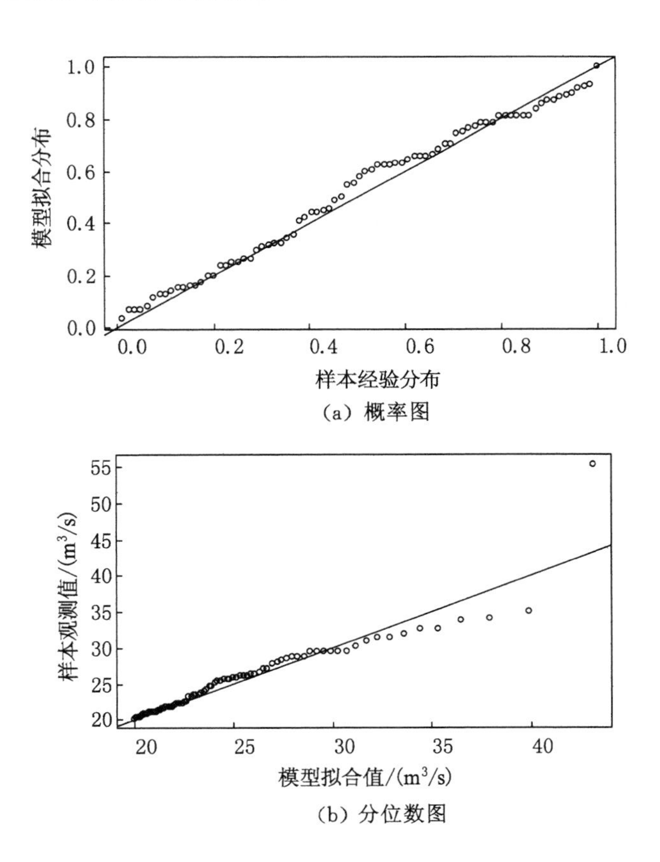

(a) 概率图

(b) 分位数图

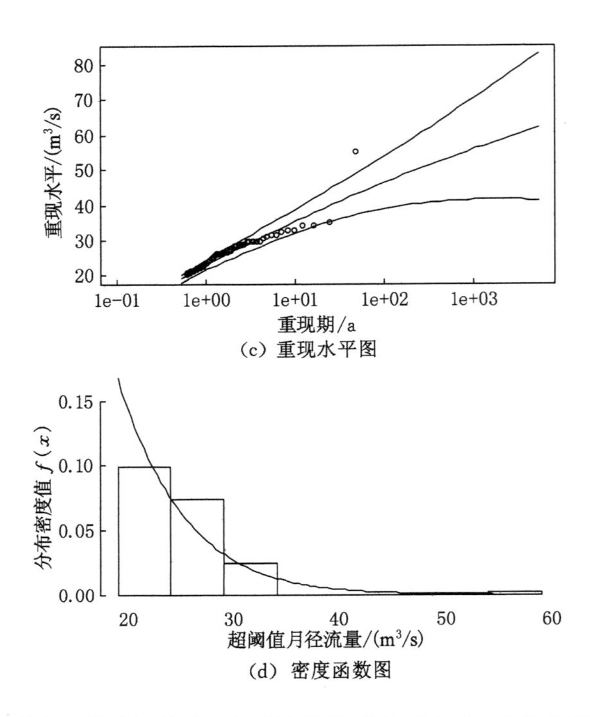

(c) 重现水平图

(d) 密度函数图

图 5-8 GPD 模型下英雄桥站极大月平均径流概率、分位数、重现水平和密度直方图

分别基于极大似然和轮廓似然估计对重现水平 95%置信区间进行估计，可以得到重现期为 10 a、25 a、50 a 和 100 a 的月平均径流量极大值分别为 35.4 m^3/s、39.9 m^3/s、43.2 m^3/s 和 46.3 m^3/s(见表 5-5)。在表 5-5 中，x_{MU} 和 x_{ML} 分别表示由极大似然估计得到的重现水平 95%置信区间的上限和下限。x_{PU} 和 x_{PL} 分别表示由轮廓似然函数得到的重现水平 95%置信区间的上限和下限。ratio 表示极大似然得到的重现水平 95%置信区间长度与轮廓似然函数得出的重现水平 95%置信区间长度之比。

表 5-5 乌鲁木齐河流域不同重现期月平均径流量极大值估算

重现期	统计方法	95% 置信区间下限	估算值	95% 置信区间上限	比率 $ratio=\frac{x_{MU}-x_{ML}}{x_{PU}-x_{PL}}$
10 a	极大似然	33.16	35.36	37.57	0.623
	轮廓似然	32.60	35.36	39.68	

表 5-5(续)

重现期	统计方法	95% 置信区间下限	估算值	95% 置信区间上限	比率 ratio$=\frac{x_{MU}-x_{ML}}{x_{PU}-x_{PL}}$
25 a	极大似然	35.23	39.91	44.59	0.852
	轮廓似然	36.3	39.91	47.29	
50 a	极大似然	37.21	43.19	49.16	0.696
	轮廓似然	38.85	43.19	53.85	
100 a	极大似然	38.79	46.34	53.88	0.758
	轮廓似然	41.2	46.34	61.10	

基于比率(ratio)可以在图 5-9 中看出,在同一置信水平和重现期下,极大似然估计得到的重现水平的分布更为集中(见表 5-5),但这并不能说明由极大似然估计得到的置信区间就更为准确。在 1958—2006 年,观测到的乌鲁木齐河流域的最大月平均径流量为 55.2 m^3/s。由极大似然估计得到的 100 a 一遇重现水平 95%置信区间的上界是 53.9 m^3/s,小于 55.2 m^3/s,即此区间内并未包括 1958—2006 年实测的最大值。而由轮廓似然法得到的 100 a 一遇重现水平 95%置信区间的上界是 61.1 m^3/s,大于 55.2 m^3/s,即此区间包括了 1958—2006 年的实测最大值。由此看来,在同一置信水平和重现期下,由轮廓似然得到的置信区间的可靠度是比较高的[20]。

作为乌鲁木齐市的一个主要水源,出山径流水量约占乌鲁木齐市区用水总量的 40%。出山径流在枯水期的径流量变化也越来越多地引起了人们的关切[21]。因此,在当前气候因素的综合影响下,探讨乌鲁木齐河流域径流量最小值的变化显得十分重要。新疆地区水资源构成和河川径流受冰川调节作用的影响十分显著,已有的研究表明乌鲁木齐河源的 1 号冰川最将终于 2070 年左右退缩为空冰斗,这将失去对乌鲁木齐河流域的补给能力[22]。

乌鲁木齐河流域上游月平均径流量的极小值变化,同样采用 GDP 模型进行了分析。考虑到估算研究区月平均径流量极小值的实际情况,并结合 GPD 模型来求序列超阈值分布的特性。我们首先取径流量值小于 2 m^3/s 的径流量数据(枯水期),并取其相反数,则得到的数据皆为负数。设这一新的数据序列为 X_t,绘出 X_t 随时间的分布(图 5-10)。从图中可以看出,X_t 从 1985 年开始就呈减小的趋势,但从 2000 年以后,其波动较大,说明乌鲁木齐河上游月平均径流量最小值自 20 世纪 80 年代中期以来有增大的趋势。但进入 21 世纪以来,

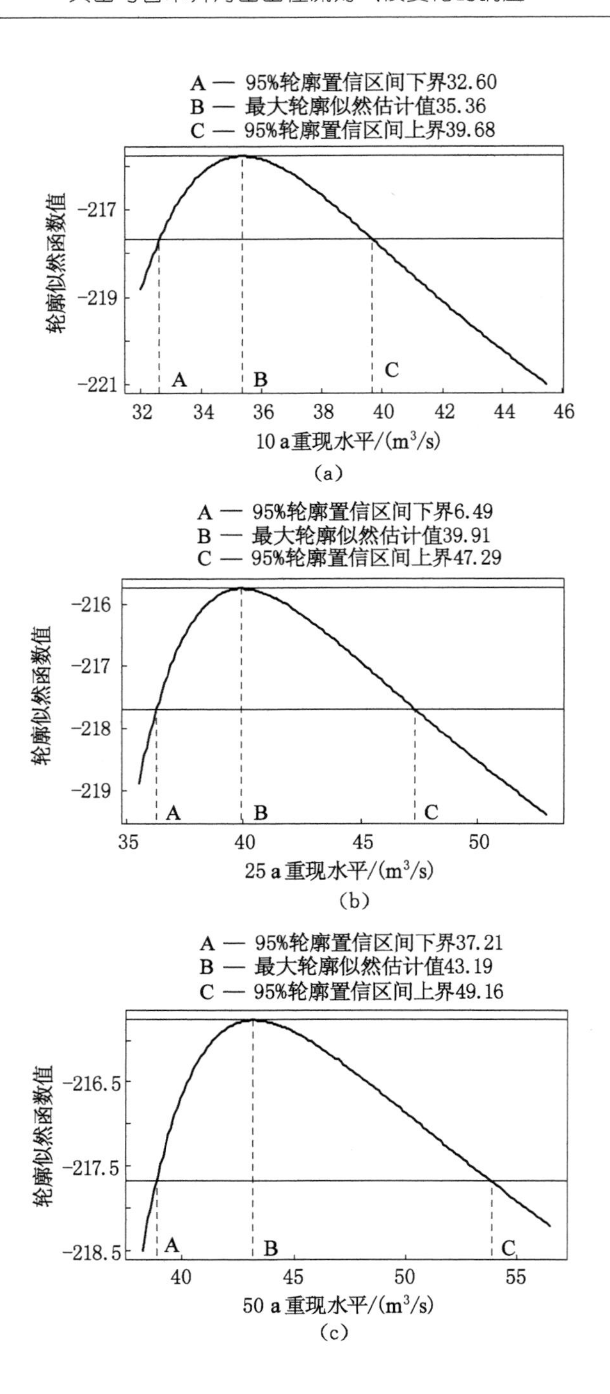
A — 95%轮廓置信区间下界32.60
B — 最大轮廓似然估计值35.36
C — 95%轮廓置信区间上界39.68
轮廓似然函数值
-217
-219
-221
A
B
C
32
34
36
38
40
42
44
46
10 a重现水平/(m³/s)
(a)

A — 95%轮廓置信区间下界6.49
B — 最大轮廓似然估计值39.91
C — 95%轮廓置信区间上界47.29
轮廓似然函数值
-216
-217
-218
-219
A
B
C
35
40
45
50
25 a重现水平/(m³/s)
(b)

A — 95%轮廓置信区间下界37.21
B — 最大轮廓似然估计值43.19
C — 95%轮廓置信区间上界49.16
轮廓似然函数值
-216.5
-217.5
-218.5
A
B
C
40
45
50
55
50 a重现水平/(m³/s)
(c)

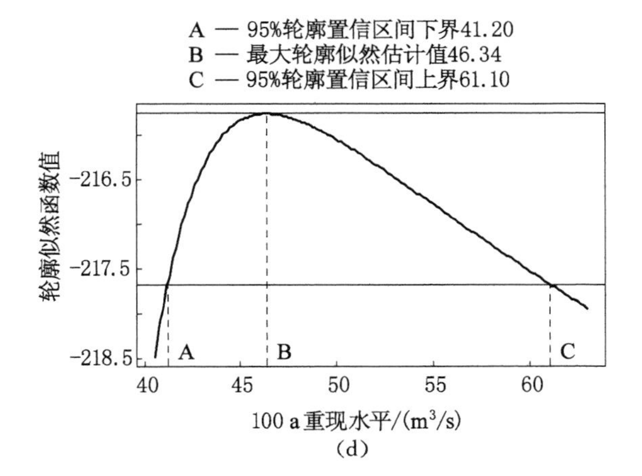

图 5-9　英雄桥站月平均径流量极大值 10、25、50 和 100 a 重现水平的轮廓似然估计

月平均径流量最小值波动较大。

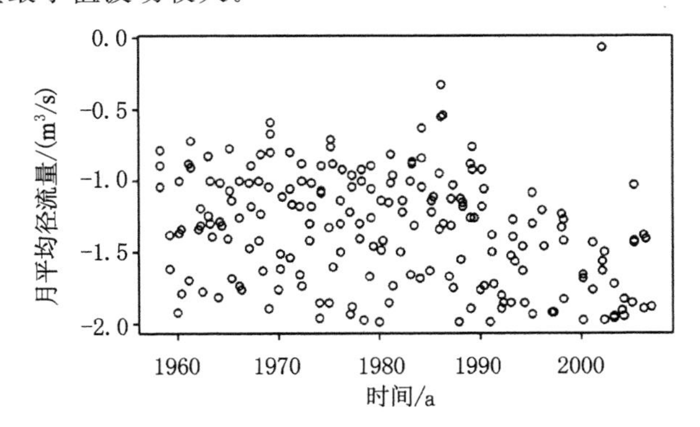

图 5-10　1958—2006 年英雄桥站月平均径流量(<2 m³/s)相反数随时间变化的散点图

假设 X_t 满足 GPD 模型要求的条件，同样通过平均超出量图和观察 GPD 模型中的参数，即修正的尺度参数 σ^* 和形状参数 ζ 来确定 X_t 的合理阈值 u_0。

绘制 X_t 的平均超出量随阈值 u 的变化(图 5-11)。从图中可以看出，当阈值在[－1.3，－1.11]区间内变化时，平均超出量与阈值之间呈现明显的线性关系，说明阈值应该在此范围内选取。同时，通过观察 GPD 模型中参数来确定阈值的方法也被采用。修正的尺度参数 σ^* 随阈值 u 的变化和形状参数 ζ 随阈值 u 的变化如图 5-12(a)所示。图中显示当阈值 u 在区间[－1.06，－0.63]之间时，修正的尺度参数 σ^* 以常数 0.22 为中心上下波动。图 5-12(b)显示当阈值 u

在[－1.06,－0.63]区间内时,修正的形状参数 ζ 以常数 0 为中心上下波动。图 5-13 表明,合理的阈值 u_0 应在区间[－1.06,－0.63]内选取。综合平均超出量图和观察 GPD 模型中参数的两种方法,再根据超阈值的样本容量尽量大的原则,选取两种确定阈值 u_0 方法区间的并集作为 X_t 的选取阈值区间,即在区间[－1.3,－0.63]之间选取合理的阈值。

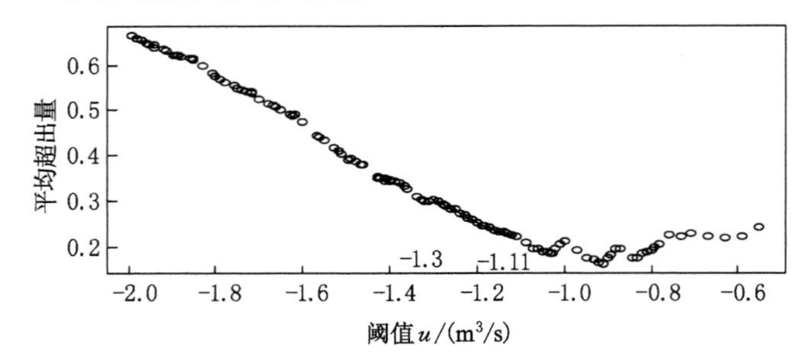

图 5-11　枯水期 X_t 平均超出量随阈值 u 的变化图

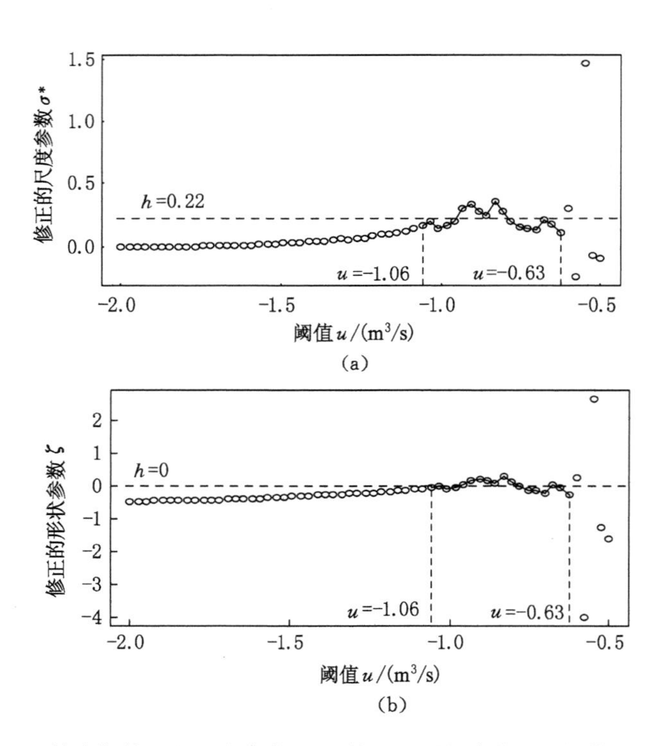

图 5-12　枯水期修正的尺度参数 σ^* 和修正的形状参数 ζ 随阈值 u 的变化

选取的阈值是否合理，可以通过 GPD 模型的检验图来判断(图 5-13)。我们在区间[－1.4，－0.96]之间选取了 23 个可能的阈值，并分别绘出它们的 GPD 模型检验图。检验发现，当选取阈值 $u_0=-1.05$ 时，对于此后所有大于 u_0 的阈值 u，超过阈值 u 的月平均径流量的观测值 X_t 都在 GPD 模型得到的相应重现水平 95%的置信区间内。因此，当阈值 $u_0=-1.05$ 时，阈值超出量可以认为服从 GPD 分布[23]。

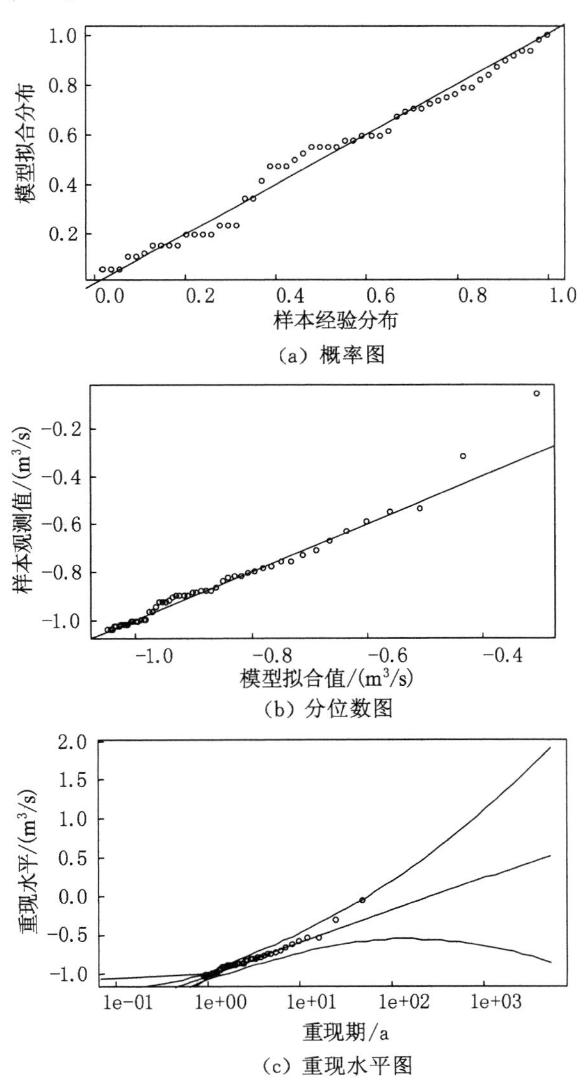

(a) 概率图

(b) 分位数图

(c) 重现水平图

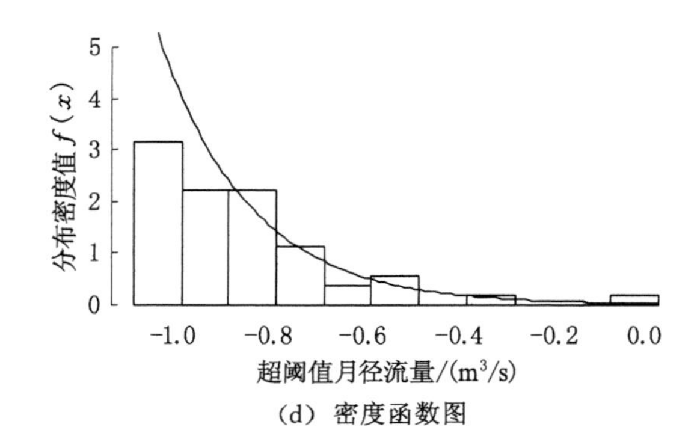

(d) 密度函数图

图 5-13　GPD 模型下英雄桥站极小月平均径流量相反数的概率、分位数、重现水平和密度直方图

同样道理，分别基于极大似然和轮廓似然估计对重现水平 95%置信区间进行估计，得到重现期为 10 a、25 a、50 a 和 100 a 的 X_t 的重现水平。因为 X_t 是月平均径流量取相反数后的数据，所以对 X_t 去相反数还原月平均径流量值，则重现期为 10 a、25 a、50 a 和 100 a 的月平均径流量极小值分别约为 0.60 m^3/s、0.43 m^3/s、0.30 m^3/s 和 0.18 m^3/s（见表 5-6）。图 5-14 展示了通过轮廓似然函数得到的乌鲁木齐河流域上游月平均径流量极小值的 4 种重现水平。

表 5-6　乌鲁木齐河流域不同重现期月平均径流量极小值估算

重现期	统计方法	95% 置信区间下限	估算值	95% 置信区间上限	比率 $ratio=\frac{x_{MU}-x_{ML}}{x_{PU}-x_{PL}}$
10 a	极大似然	0.47	0.599	0.729	0.933
	轮廓似然	0.422	0.599	0.7	
25 a	极大似然	0.232	0.43	0.628	0.779
	轮廓似然	0.063	0.43	0.571	
50 a	极大似然	0.028	0.303	0.579	0.709
	轮廓似然	−0.295	0.303	0.482	
100 a	极大似然	−0.199	0.178	0.554	0.656
	轮廓似然	−0.746	0.178	0.402	

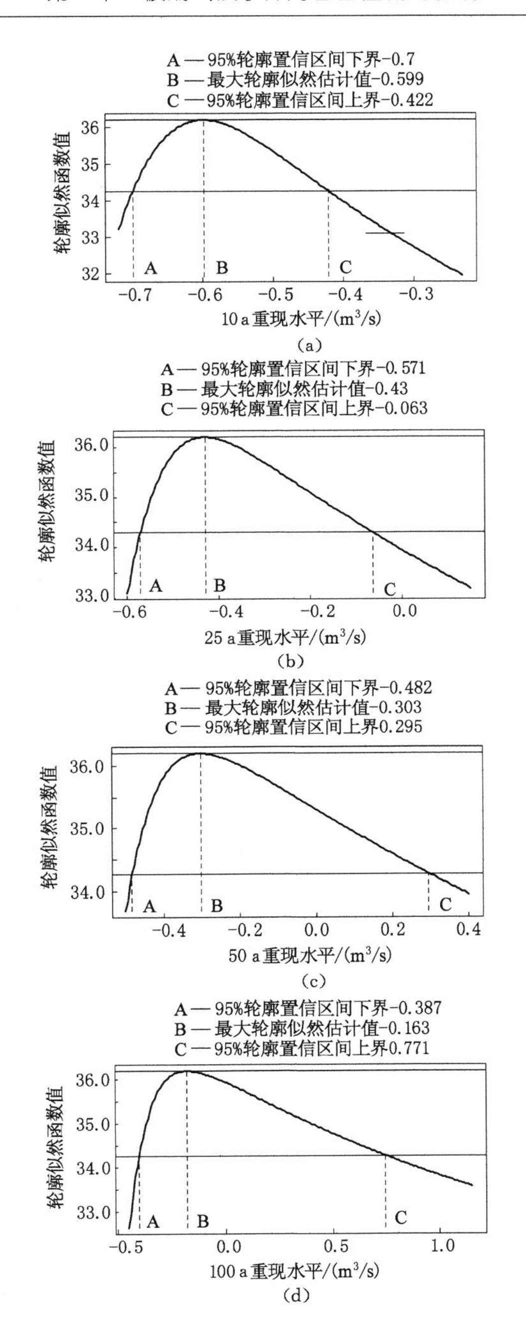

图 5-14　英雄桥站月径流量极小值相反数的 10、25、50 和 100 a 重现水平的轮廓似然估计

在表5-6中，基于极大似然得到的重现水平95%置信区间长度与轮廓似然函数得到的重现水平95%置信区间长度的比较，可以看出随着重现期的增加，即N的增大，比率(ratio)在变小。这说明随着重现期的增长，用轮廓似然函数得到的重现水平的估计中包含了更多的不确定性[24]。此外，表5-6中由轮廓似然函数得到的100 a一遇的径流量极小值的重现水平95%置信区间的下界，和由最大似然函数得到的100 a一遇的径流量极小值的重现水平95%置信区间的下界均小于0。这表明在2058年之前，英雄桥站径流量可能出现断流情况。这与已有的研究成果，即天山乌鲁木齐河源区1号冰川将于2070年前后退缩为空冰斗，并基本失去冰雪融水对乌鲁木齐河流域的补给能力，在时间上相差12年。这主要是因为乌鲁木齐河流域枯水期为冰雪融水补给为主，随着冰川面积减小，补给量会越来越低，只有少量的冰雪融水补给河流。由于春季降水量稀少，加之气温低，几乎没有液态降水。所以，乌鲁木齐河山区流域断流的时间可能要比冰川消融殆尽的时间来得更早些。

5.3 出山径流极值对极端气候的响应

极端气候水文事件具有突发性强、发生频率低和影响范围广的特性，其发生往往会对经济社会发展和人民生活造成严重影响[5]。伴随着全球气候变化、经济和社会的快速发展以及资源、环境和生态的压力日益增大，极端气候水文事件的强度和频率以及由此造成的直接经济损失和人畜伤亡率呈指数级增长[25]。极端气候水文事件的发生直接影响到国民经济持续、稳定和健康的发展。

参考文献

[1] YIN J B,GENTINE P,ZHOU S,et al. Large increase in global storm runoff extremes driven by climate and anthropogenic changes[J]. Nature communications,2018,9(1):347-350.

[2] MÜLLER M,KASPAR M. Association between anomalies of moisture flux and extreme runoff events in the south-eastern Alps[J]. Natural hazards and earth system sciences,2011,11(128):915-920.

[3] 刘毅. 极端气象灾害威胁国家安全[N/OL].(2014-12-13)[2015-03-12]. http://sz. people. com. cn/n/2014/1213/c202846-23208006. htm.

[4] XIA J,DU H,ZENG S D,et al. Temporal and spatial variations and statistical models of extreme runoff in Huaihe River Basin during 1956-2010 [J]. Journal of geographical sciences,2012,22(6):1045-1060.
[5] 李佳秀,杜春丽,杜世飞,等. 新疆极端降水事件的时空变化及趋势预测[J]. 干旱区研究,2015,32(6):1103-1112.
[6] 武文博,游庆龙,王岱. 基于均一化降水资料的中国极端降水特征分析[J]. 自然资源学报,2016,31(6):1015-1026.
[7] 赵杰,徐长春,高沈瞳,等. 基于 SWAT 模型的乌鲁木齐河流域径流模拟[J]. 干旱区地理,2015,38(4):666-674.
[8] 李柏贞,周广胜. 干旱指标研究进展[J]. 生态学报,2014,17(5):1043-1052.
[9] 陈亚宁,杨青,罗毅,等. 西北干旱区水资源问题研究思考[J]. 干旱区地理,2012,35(1):1-9.
[10] DAI A G, TRENBERTH K E, QIAN T. A global dataset of palmer drought severity index for 1870-2002: Relationship with soil moisture and effects of surface warming[J]. Journal of hydrometeorol,2004,5(6):1117-1130.
[11] 王劲松,郭江勇,周跃武,等. 干旱指标研究的进展与展望[J]. 干旱区地理,2007,30(1):60-65.
[12] 侯建楠,陈峰. 塔城近 82 年夏季干湿变化分析[J]. 新疆师范大学学报(自然科学版),2010,29(3):11-14.
[13] 王劲松,郭江勇,倾继祖. 一种 K 干旱指数在西北地区春旱分析中的应用[J]. 自然资源学报,2007,22(5):709-717.
[14] 郭华,张奇,王艳君. 鄱阳湖流域水文变化特征成因及旱涝规律[J]. 地理学报,2012,67(5):699-709.
[15] 袁玉江,李江风,胡汝骥,等. 用树木年轮重建天山中部近 350 年来的降水量[J]. 冰川冻土,2001,23(1):34-40.
[16] 袁晴雪,魏文寿. 中国天山山区近 40 a 来的年气候变化[J]. 干旱区研究,2006,23(1):115-118.
[17] LIU Y C,HUO X L Y,LIU Y,et al. Analyzing monthly average streamflow extremes in the upper urümqi River based on a GPD model[J]. Environmental earth sciences,2015,74(6):4885-4895.
[18] 张香云,程维虎. 二项-广义 Pareto 复合极值分布模型的统计推断[J]. 应用数学学报,2012,35(3):560-572.

[19] 梁尔源,邵雪梅,黄磊,等.中国中西部地区树木年轮对20世纪20年代干旱灾害的指示[J].自然科学进展,2004,14(4):469-474.

[20] GROISMAN P Y,KARL T R,EASTERLING D R,et al. Changes in the probability of heavy precipitation: Important indicators of climatic change[J]. Climatic change,1999,42(1):243-283.

[21] 喻树龙,袁玉江,金海龙,等.用树木年轮重建天山北坡中西部7—8月379 a的降水量[J].冰川冻土,2005,27(3):404-410.

[22] 崔玉环,叶柏生,王杰,等.乌鲁木齐河源1号冰川水文断面不同时间尺度径流估算[J].干旱区资源与环境,2013,27(7):119-126.

[23] 崔宇,袁玉江,金海龙,等乌鲁木齐河源467年春季降水的重建与分析[J].干旱区地理,2007,30(4):496-500.

[24] 范敏杰,袁玉江,魏文寿,等.用树木年轮重建伊犁南天山北坡西部的降水量序列[J].干旱区地理,2007,30(2):268-273.

[25] 张爱民,马晓群,杨太明,等.安徽省旱涝灾害及其对农作物产量影响[J].应用气象学报,2007,18(5):619-626.

第 6 章　乌鲁木齐河流域气候和径流变化预估

6.1　气候变化预估

在全球气候变暖背景下，预测未来气候变化对流域水资源与水环境的影响，具有重要的现实意义和深远的战略意义[1-2]。

6.1.1　气候变化预估方法

在运用统计尺度方法时，预估因子的选择是一重要环节，其原因在于预估因子对未来情景特征具有一定的决定作用[3]。因此，预估因素的选择应基于四项标准[4-5]：① 选定的预测因素与预测有关；② 选定的预测因素可代表实地的物理过程和气候变化；③ 选定的预测因素可由全球升温潜在值做更精确的模拟；④ 选定的预测因素基本满足独立或者弱相关[6]。基于 SDSM 模型的屏幕变量模块，利用 NCECP 再分析数据和平台数据筛选合适的预测因子，建立大型流通因子与预测量的统计关系[7]。一般来说，降水量是非正态分布的，因此有必要先将降水量数据转换，并采用四次根转换法，最终筛选的预估因子见表 6-1。

表 6-1　预估因子筛选结果

最高气温	最低气温	降水量	预报量
mslp	mslp	mslp	
p_z	p_v	p_v	
p5_u	p_z	p_z	
p5_z	p500	p_zh	
p500	p5_z	p5_z	
r850	shum	p5_z	
rhum	temp	p5th	

表 6-1(续)

最高气温	最低气温	降水量	预报量
shum		p8_f	
		p8_u	
		p8_v	
		p8_z	
		r850	
非条件过程	非条件过程	条件过程	过程类型

6.1.2 建模与分析方法

统计降尺度模型（Statistical DownScaling Modle，SDSM）是英国 Wilby 等[8]提出的一种决策支持工具，它利用 Windows 界面研究气候变化对区域和地方的影响，此模型由多线性回归法组成。多线性回归法是一种混合的统计降级方法，经过近十年的发展，数据和元数据交换已发展到第四代，并广泛应用于气候变化研究。

6.1.2.1 SDSM 建模

在选择了预测因素之后，将根据 SDSM 模型的校准模块对模型进行校准，SDSM 模型通过方差 R^2 和标准误差评估模型的适用性。最高/最低气温和降水量的评价结果见表 6-2。

表 6-2 率定期各预报量统计特征值

最高气温		最低气温		降水量	
解释方差	标准误差	解释方差	标准误差	解释方差	标准误差
0.741	1.484	0.506	1.734	0.164	0.376

由此可知，模型中每日最高气温方差为 0.741，所选择的预测因素可以解释 74%以上的预测间的方差，标准误差为 1.484 ℃。每日最低气温方差为 0.506，标准误差为 1.734 ℃，模拟效果相对较低。降水量方差为 0.164，正常降水量误差为 0.376 mm。数据表明，由于降水过程本身具有的特殊性，使得降水是三种预测中最差的。因此，有必要通过变量来建立统计关系。

6.1.2.2　SDSM 模型模拟评估

SDSM 模型标定后，需要对仿真结果进行验证和评价。通过对基准期日最高气温、日最低气温和日降水量的观测值和模拟值进行比较分析，并用多指标评价模拟结果[9]。最高和最低气温的基准期为 1961—1990 年，日降水量基准期为 1978—1989 年。通过运用 SDSM 模型，对大西沟站观测数据与大规模气候模型之间建立了统计关系，并将 SDSM 模型用于确定日最高气温。SDSM 模型日最高气温模拟结果见图 6-1 和表 6-3。

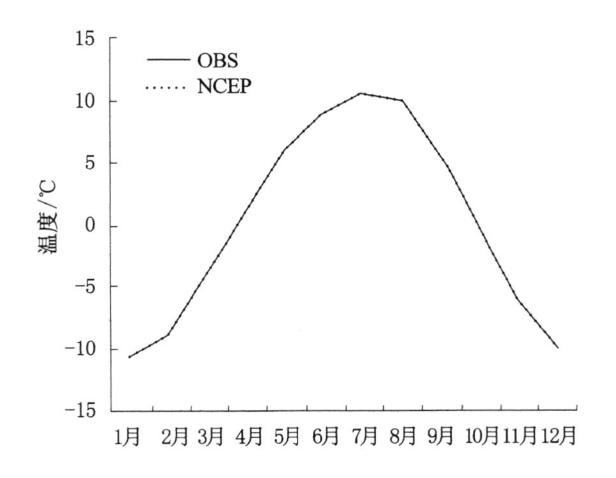

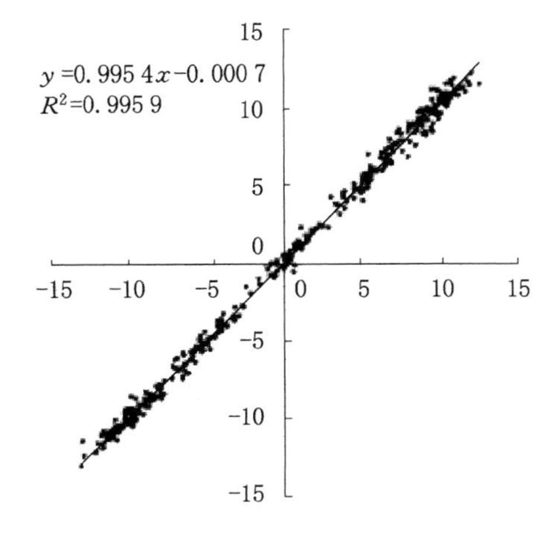

图 6-1　最高气温观测值与模拟值对比

表 6-3　基准期最高气温模拟结果

月份	1	2	3	4	5	6	7	8	9	10	11	12
实测最高气温	−10.7	−8.9	−4.4	1.1	5.9	8.9	10.5	9.9	5.4	−0.1	−6.1	−9.9
模拟值/℃	−10.7	−8.9	−4.4	1.1	6.0	8.9	10.5	9.9	5.4	0.0	−6.0	−9.9
性对误差	−0.21%	−0.04%	−0.03%	1.58%	0.37%	0.14%	0.08%	0.01%	0.47%	−10.67%	−0.11%	−0.06%

如图 6-1 所示，在统计期内观测到的日最高气温与模拟线高度相当，每月最高平均气温为 0.99%，基准期内最高月平均气温的相对误差基本上保持在±5%之内。

以观测结果为基础的 SDSM 模型和对再分析数据集的重新分析[10]。在使用 SDSM BAS 模型模拟日最高气温的最佳结果出来之后，通过 HADC3 模型的 A2 场景，从参考期的 A2 场景中得到模拟结果(图 6-2)。

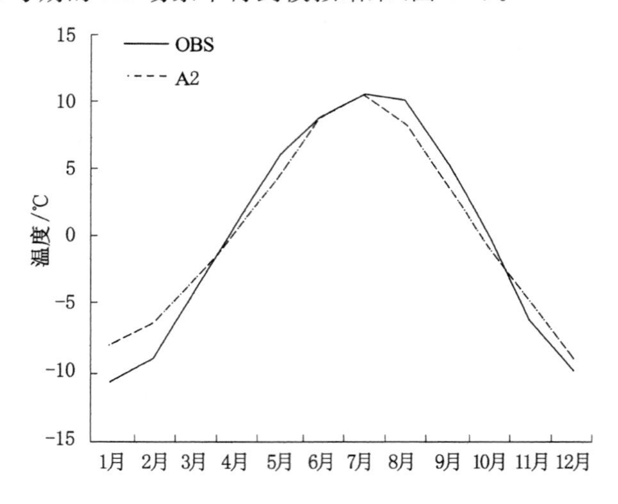

图 6-2　最高气温观测值与 A2 情景模拟值对比

在基准图 6-2 中，A2 情景模拟结果与再分析数据集模拟结果相比，略低于参考阶段的结果。在这两种情况下，特别是在 1 月和 2 月的模拟值比观测值高约 2.5 ℃，5 月、8 月和 9 月的气温比观测值低约 1.5 ℃。假设情景 A2 和 B2 的模拟值比峰值高约 0.12 ℃。从观测到的最高年平均数可以看到，模拟结果一般可以接受。

（1）日最低气温

SDSM 模型在基准期的日最低气温模拟结果如图 6-3 所示。从图 6-3 可以看出，日最低气温模拟结果与日最高气温模拟结果类似。在基准期观测值与模拟值的拟合效果较好，月平均 R^2 达到 0.99。在基准期内，每个月模拟值和相对误差见表 6-4，每个月模拟值的相对误差都要控制在 ±2% 以内，结果优于日最高气温模拟。

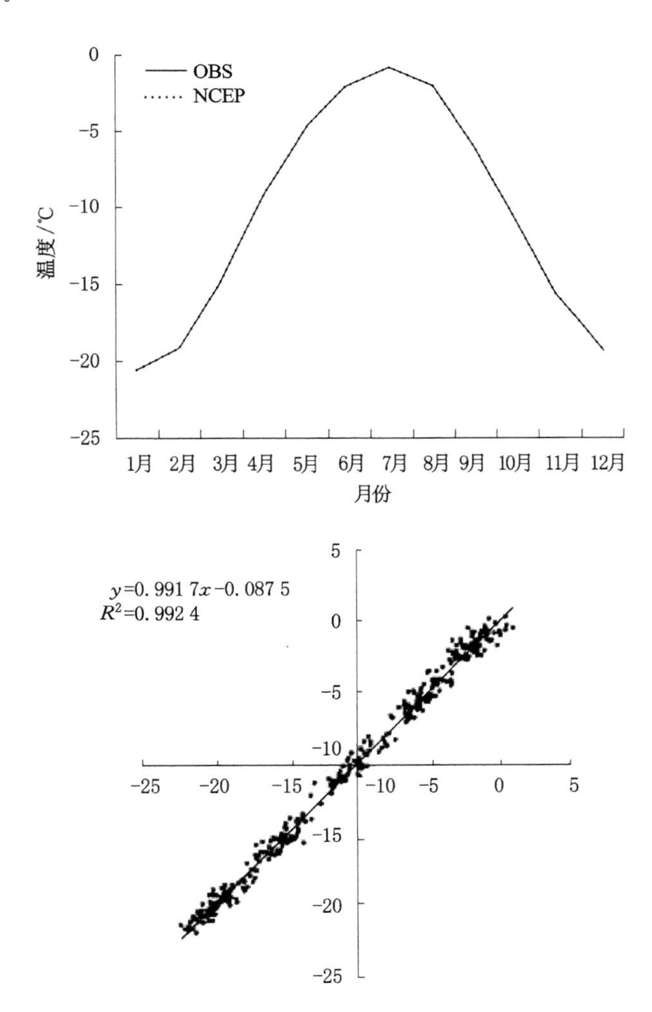

图 6-3　最低气温观测值与模拟值对比

表 6-4　基准期最低气温模拟结果

月份	1	2	3	4	5	6	7	8	9	10	11	12
实测最低气温/℃	−20.6	−19.2	−14.7	−9.3	−4.7	−2.0	−0.8	−2.0	−6.0	−11.0	−15.9	−19.3
模拟值/℃	−20.6	−19.2	−14.7	−9.3	−4.7	−2.0	−0.8	−2.0	−6.0	−11.0	−15.9	−19.3
相对误差	−0.03%	−0.02%	−0.14%	−0.23%	−0.02%	−0.59%	−1.09%	−1.28%	−0.11%	−0.03%	−0.02%	−0.09%

从图 6-4 可以看出，输入 HADCM 模型 A2 和 B2 情景数据，驱动由 NCEP 数据构建的 SDSM 模型，得到 A2 情景下的日最低气温模拟结果。

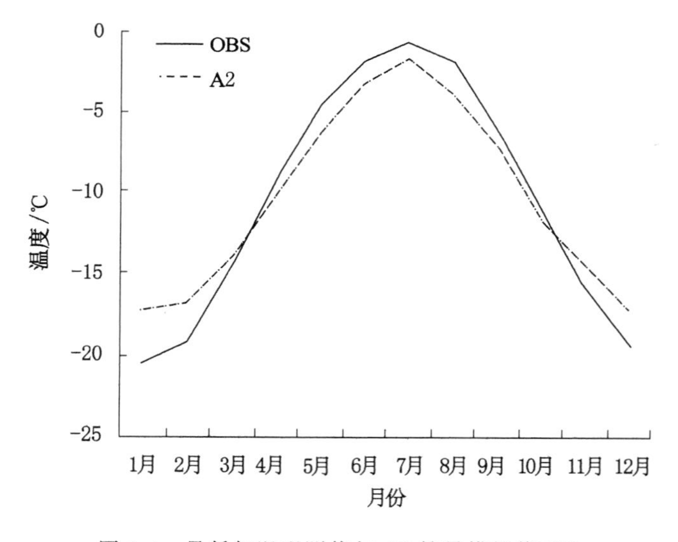

图 6-4　最低气温观测值与 A2 情景模拟值对比

在基准图 6-4 中，模拟基准期假设情景 A2 的日最低气温的结果低于 NCEP 模拟的结果。对观测值和模拟值的比较表明，冬半年高估值约 1.34 ℃，夏半年低估值约 1.5 ℃。模拟年最低气温被低估 0.08 ℃，其结果是可以接受的。

（2）日降水量

根据降水过程的拟合，总体拟合度较高。6 月的模拟降水值比观测值高出近 20 mm，而降水模拟 R^2 也达到 0.85。模拟结果表明，降水模拟的相对偏差明显高于气温模拟。相对偏移率保持在每月至少 30.0%，或部分超过 30.0%，降水建模始终是一个与降水过程的复杂性有关的问题。总的来说，模拟证明是成功的，降水模拟具体结果见图 6-5 和表 6-5。

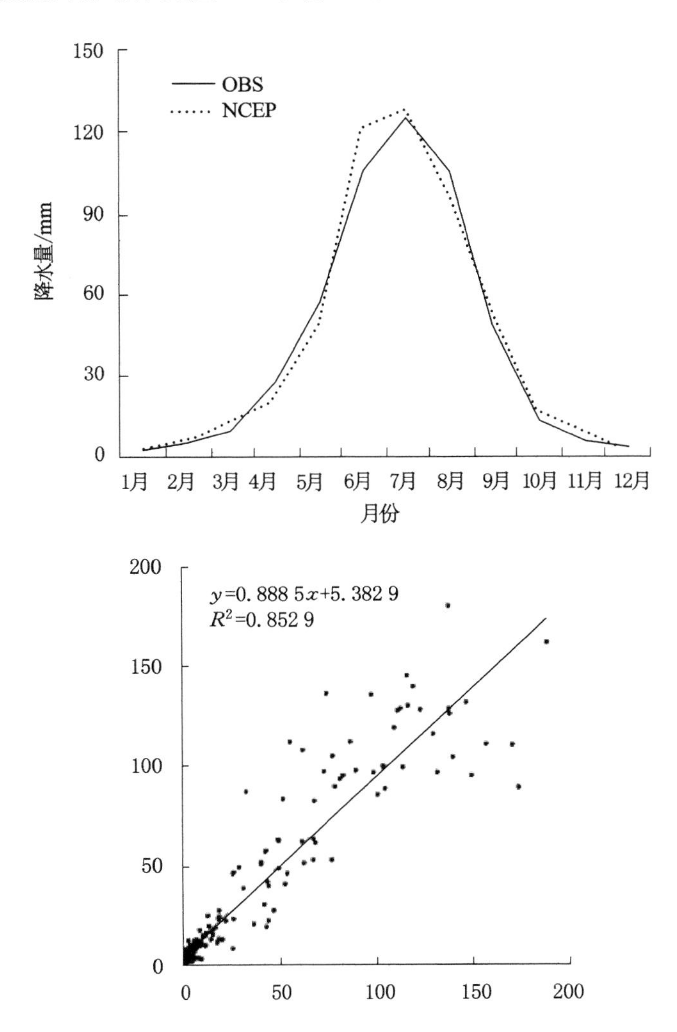

图 6-5　降水量观测值与模拟值对比

表 6-5　基准期降水量模拟结果

月份	1	2	3	4	5	6	7	8	9	10	11	12
实测降水量/mm	2.7	5.0	8.7	26.7	55.7	104.8	125.0	105.8	46.5	12.4	6.1	3.3
模拟值/mm	2.8	5.8	12.7	20.4	49.1	121.2	127.7	95.0	49.8	15.8	8.1	2.6
相对误差	4.20%	16.72%	47.20%	23.57%	11.82%	15.61%	2.09%	10.19%	7.03%	26.92%	33.07%	22.02%

利用 HADC3 模型方案 A2 和 B2 模型驱动的 SDSM 模型模拟了两个基准期情景下的降水量，模拟结果如图 6-6 所示。3 月和 4 月模拟略有波动，估计值为 10.0 mm。在 7 月的降水高峰，对这两种情景的模拟值比观测值高估了 8.0～13.0 mm，11 月的模拟值高出观测值约 6.0 mm，而年平均降水量被高估 20.0～30.0 mm。

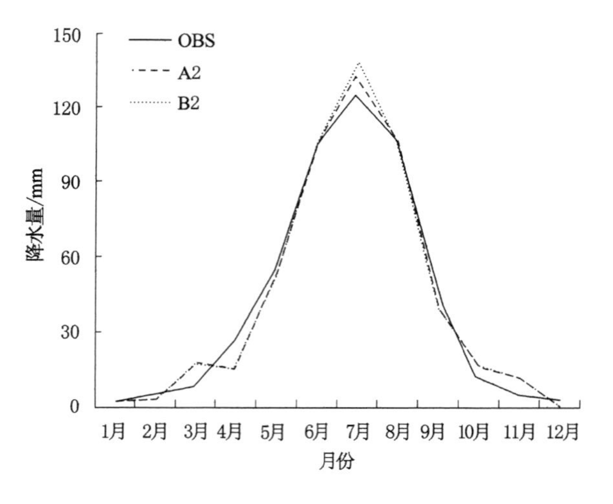

图 6-6　降水量观测值与 A2、B2 情景模拟值对比

对基准期降水模拟结果中的多种指标进行比较分析，同时考虑到这些指标的随机性和不确定性，所选指标为：均值(Mean)、95th 分位数的日降水量(Percentile95)、总量(Sum)、最大 5 日降水量(P_Max5)、最大干旱长度(Max_dspel)和最大雨期长度(Max_wspel)。多指标的评价结果见表 6-6。

表 6-6　降水模拟值的多指标评价结果

数据类型	评价指标					
	Mean	Percentile95	Sum	P_Max5	Max_dspel	Max_wspel
OBS	3.34	12.70	495.56	79.20	30.00	13.00
NCEP	3.43	12.90	510.70	81.83	35.65	22.60
HadCM3A2	3.33	13.16	509.9	98.2	38.10	23.25
HadCM3B2	3.34	13.20	509	100.4	35.50	21.95

总的来说,用SDSM模型模拟的降水值与观测的降水值是比较接近的,并具有一定的可信度。

6.1.2.3　不确定性讨论

虽然缩小尺度的统计模型可以得到理想的模拟结果,但在应用上仍然存在很大的不确定性,作为缩小尺度的统计模型的一个重要切入点,GCMS模型的不确定性占有主导地位。缩小尺度统计模型的不确定性主要有两个因素:

(1) 预测因素的不确定性:一般来说,有数十种预测因子可以用来预测气温或降水量。这些预测因子被用来描述特定的源流特征,有许多方法可以筛选预测因子。选择的结果必然因方法而异,这些差异将被倒转,偏差也将增加。

(2) 缩小尺度方法的统计不确定性:缩小尺度的统计方法是各不相同的,数学模型不同,建模能力也大不相同。地理过程的性质和复杂的地理差异,导致的模型适用性问题和由此产生的模拟的不确定性是不可避免的。

由于缺乏关于气温和降水量的较小尺度的信息,因此,用于模型的数据未充分反映研究区域内的气候条件。而用于模型开发的大尺度气候模型的数据也存在差异,模型模拟结果最终会显示出一定的误差。根据NCEP的基准期再分析数据和HADC3场景的模拟结果,后者的模拟效果与前者有所不同。

6.1.3　气温未来变化趋势

对数据和元数据交换模型的评估结果表明,该模型在研究领域得到了良好应用。在特定的数据和元数据交换模型的基础上,通过在HadCM3的A2和B2模型中引入两种未来气候假设情景,进而为研究区域制定了未来气候假设情景[11]。

6.1.3.1　未来流域最高气温变化分析

乌鲁木齐河流域上游年平均最高气温在HadCM3模式的A2、B2情景下的变化曲线如图 6-7 所示。

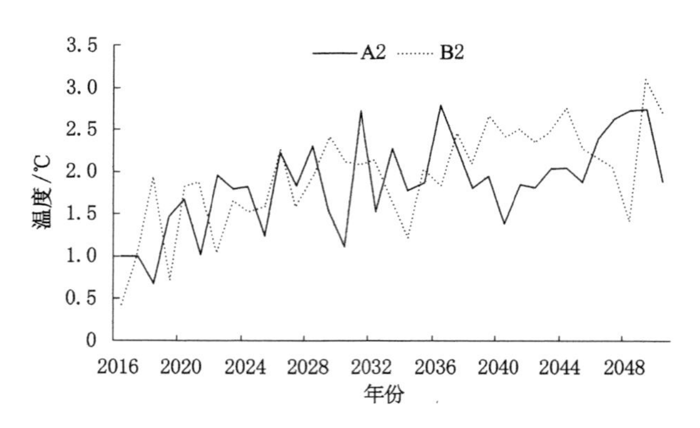

图 6-7　不同情景下最高气温的变化

从图 6-7 可以看出，在 2021—2050 年期间，气温一直在持续上升。在 A2 情景中，将三个时期的预测值与基准时期的观察值进行比较，在 21 世纪 20 年代、30 年代和 40 年代三个时期的气温预测值分别增加了 0.95 ℃、1.30 ℃和 1.47 ℃。在B2 情景中，21 世纪 20 年代、30 年代和 40 年代分别增加了 1.06 ℃、1.33 ℃和 1.64 ℃（见表 6-7），而最高气温正在上升过程中。结果表明，设想 B2 情景的最高气温高于 A2 情景的最高气温，与 20 年代相比，40 年代的最高平均年气温分别增加 0.52 ℃和 0.58 ℃[12]。

表 6-7　乌鲁木齐河流域上游年均最高气温变化统计　　单位：℃

情景	基准期	20 年代	变化量	30 年代	变化量	40 年代	变化量
A2	0.68	1.64	0.95	1.98	1.30	2.15	1.47
B2	0.68	1.74	1.06	2.01	1.33	2.33	1.64

如图 6-8 所示，两种情景下的 1 月、2 月、3 月和 7 月的最高气温大大高于基准期，而基准期为 A2 和 B2。

6.1.3.2　未来流域最低气温变化分析

乌鲁木齐河流域上游年平均最低气温在 HadCM3 模式的 A2 和 B2 情景下的变化如图 6-9 所示。

如果将三个时期的最低年均气温与基准期的观测结果进行比较，可以看出今后的最低气温将低于基准期。如果观察 2021—2050 年的曲线趋势，最低年均气温几乎是连续的。与 21 世纪 20 年代相比，40 年代的年平均最低气温分别

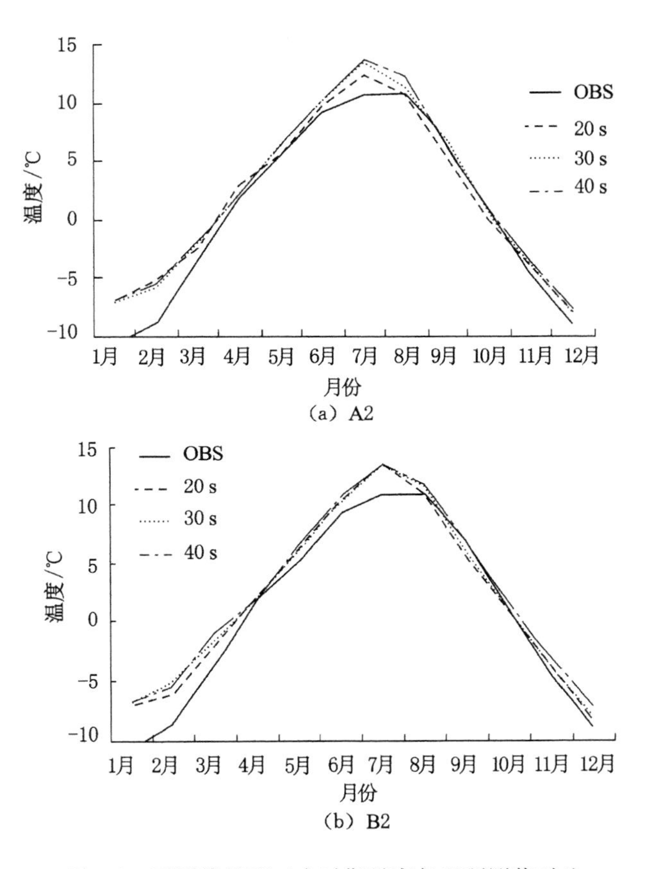

图 6-8　不同情景下三个时期最高气温预测值对比

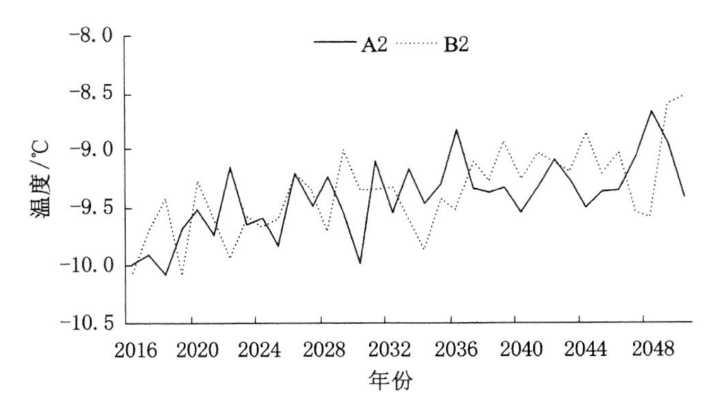

图 6-9　不同情景下最低气温的变化

增加了 0.34 ℃和 0.43 ℃。从基准期开始,20 年代前年平均最低气温明显下降,但在 20 年代以来则逐渐升高(见表 6-8)。

表 6-8 乌鲁木齐河流域上游年平均最低气温变化统计 单位:℃

情景	基准期	20 年代	变化量	30 年代	变化量	40 年代	变化量
A2	−8.23	−9.58	−1.35	−9.33	−1.10	−9.24	−1.01
B2	−8.23	−9.54	−1.31	−9.40	−1.17	−9.11	−0.88

比较 A2 和 B2 情景下的年最低气温分布(图 6-10),1 月和 2 月的预测气温值高于基准期,但是又低于夏季半年的基准期,特别是在 7 月、8 月和 9 月。

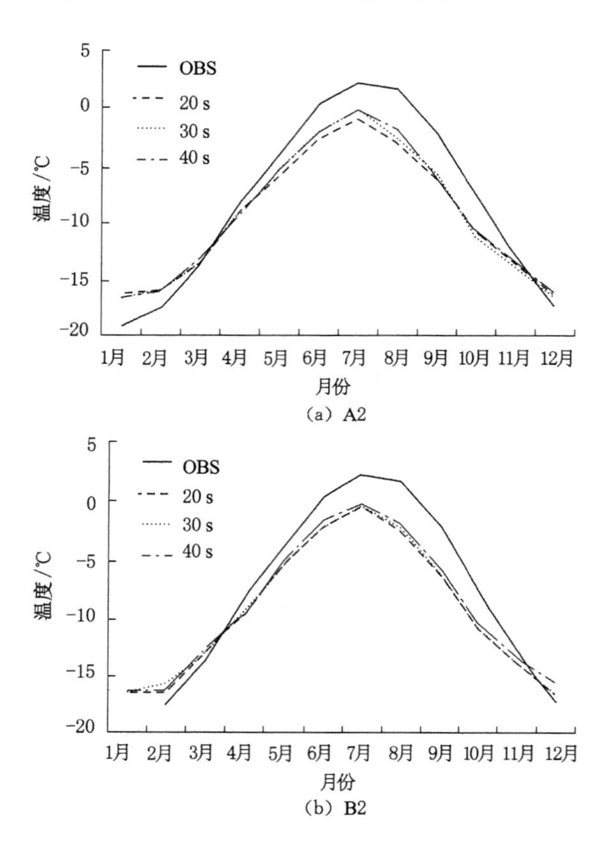

图 6-10 不同情景下三个时期最低气温预测值对比

6.1.4 降水未来变化趋势

乌鲁木齐河流域在未来两种情景下年降水量柱状图如图 6-11 所示。

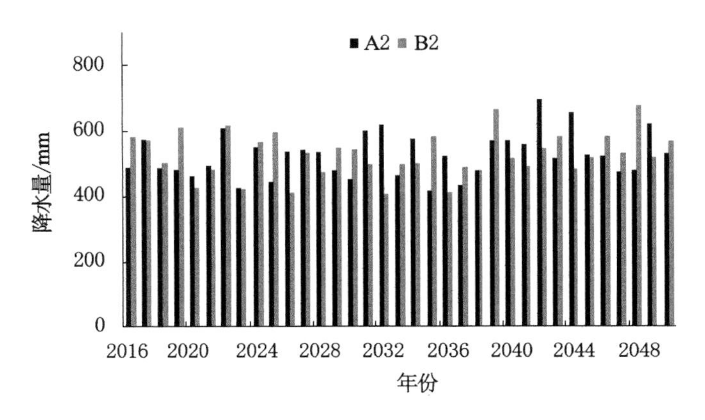

图 6-11　不同情景下降水量变化示意图

从表 6-9 可以看出,未来分界线的年降水量并没有大幅度增加。根据假设情景 A2 和 B2 中三个不同时期的降水量预测结果,今后的降水量将会增加。

表 6-9　乌鲁木齐河流域上游年降水量变化统计　单位:mm

情景	基准期	20 年代	变化量	30 年代	变化量	40 年代	变化量
A2	502.72	506.90	4.18	524.99	22.27	558.12	55.41
B2	502.72	519.46	16.74	5004.14	1.42	550.02	47.30

比较假设情景 A2 和 B2 的年降水量分布,20 世纪 20 年代和 30 年代的降水量相对稳定(见表 6-10),存在变化的月份主要集中在 3 月、4 月、6 月、10 月和 11 月,而各月降水量在增加或减少。40 年代,两种情景下的降水预测均发生了重大变化,特别是 6 月、7 月、8 月和 9 月,7 月降水量最大,从 30.0 mm 增至 40.0 mm,如图 6-12 所示

表 6-10　基于不同情境模式下的 21 世纪乌鲁木齐河上游平均气温变化统计　单位:℃

情景	基准期	20 年代	变化量	30 年代	变化量	40 年代	变化量
A2	−3.77	−3.97	−0.20	−3.67	0.10	−3.55	0.23
B2	−3.77	−3.90	−0.12	−3.70	0.08	−3.39	0.38

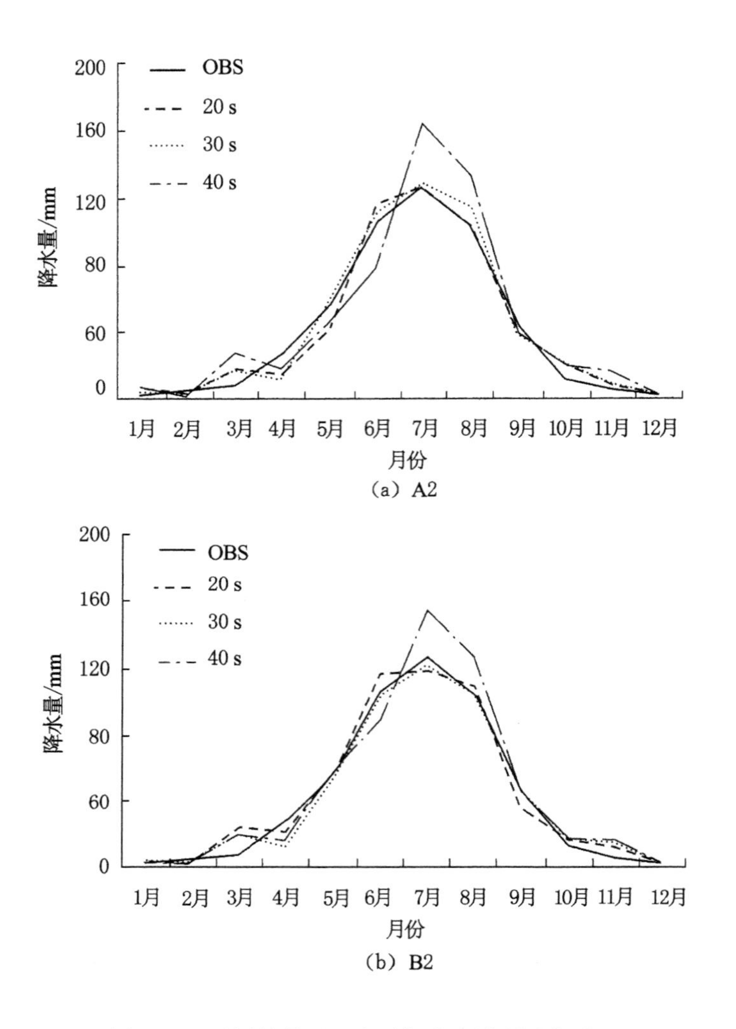

图 6-12 不同情景下三个时期降水量预测值对比

从气温角度分析，在未来情景下，1 月和 2 月的最高和最低气温将显著增加。虽然夏季和半年的最低气温下降，但对两种情景下的平均气温计算表明，21 世纪 20 年代的平均气温将下降约 0.2 ℃，而在 30 年代会再次上升，增加约 0.1 ℃，40 年代继续增加约 0.3 ℃。而 3 月和 4 月降水量略有增加，但在 21 世纪 40 年代明显增加。

6.2　径流变化预估

水是一种生命源泉，不仅是社会经济发展的基础，而且也是确保生态安全和可持续发展的基础。近几十年来，流域模型的开发已改进了建模方法，同时在使用气候模型预测未来气候假设情景方面取得了良好成果，目前正在对其进一步深入研究。

6.2.1　径流预估方法

运用 SWAT 和 SDSM 模型，预估乌鲁木齐河流域出山径流，今后将发生的变化如下。

6.2.1.1　SWAT 模型

(1) SWAT 模型概述

SWAT 是美国农业部农业研究中心(ABS)杰夫·阿诺德博士开发的流域尺度模型。最初的目标是预测土地管理措施对径流量和沉积物的生产以及土壤的农业化学负荷的长期影响。该模型是以模拟物理机制为基础的，其主要目的是预测土地管理措施的长期影响。利用气象、地形、土壤特性、植被和土地管理措施等方面的详细资料，进行物理过程研究，如水流、沉积物迁移、作物生长和营养循环等。SWAT 模型以 SWRB 模型(农村集水区水资源模拟)为基础，但包含了 ARS 模型的若干特征。SWAT 模型经过不断的改进和修正，目前可以基于 Windows(视觉 Basic)、Grass、ArcView 和 ArcGIS 平台。

(2) SWAT 模型结构

图 6-13 所示为 SWAT 模型的水文模拟模块结构，清晰地反映了在 HRU 中水流运动的潜在路径[13]。

6.2.1.2　SDSM 模型

统计降尺度模型或统计降级模型(SDSM)是一种基于 Windows 界面的决策支持工具，可用于评估区域气候变化的影响。降级统计模型的基本思路是建立一种基于经验的 INT 统计关系。通过使用长期定位观测，对当地气候因素和大规模气候条件(大气环流)进行测试，并通过独立观测对统计关系进行测试，以及对未来当地气候变化进行统计，并在大规模气候预测因素与当地气候预测的统计功能之间建立联系[14]。

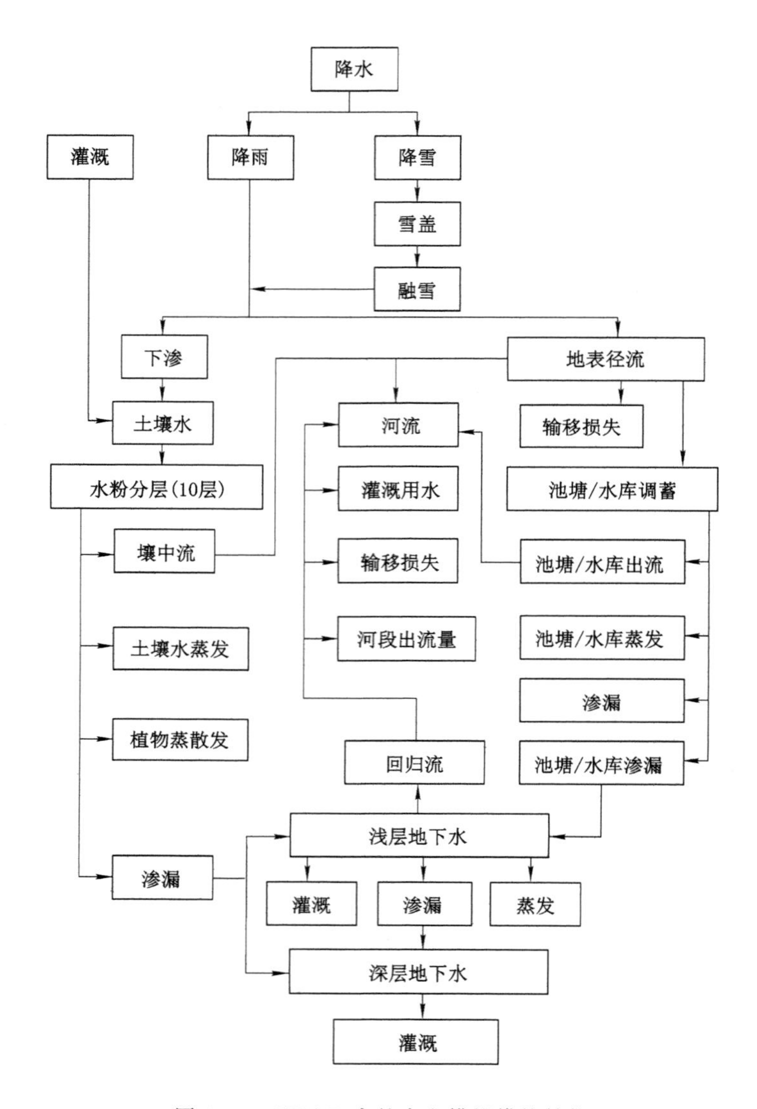

图 6-13　SWAT 中的水文模拟模块结构

6.2.2　模型建立和分析方法

6.2.2.1　模型数据库建立

此次研究所关联的数据主要用于两个模型的输入:① SWAT 模型所需的

资料包括气象、水文和 DEM 资料以及土地利用类型、土壤类型和属性资料。② SDSM 模型所需的数据包括气象、NCEP 和 GCMS 数据。以上数据来源见表 6-11。

表 6-11　数 据 来 源

数据名称	数据描述	数据来源
气象数据	日最高温、日最低温、日降水量	新疆维吾尔自治区气象局
水文数据	日径流量	新疆维吾尔自治区水文水资源勘测局
数字高程图	高程、坡度	寒旱区科学数据中心
土地利用类型图	土地利用/覆被空间分布及类型	寒旱区科学数据中心
土壤类型图	土壤空间分布及属性	寒旱区科学数据中心
气候模式数据	NCEP、HadCM3 资料	加拿大气候影响和情景(CCIS)项目

(1) 观测数据

观测数据主要是气象和水文观测，而气象数据对气象和水文过程的重要性是显而易见的。SWAT 和 SDSM 模型为输入气象数据提供了重要的支持。这些数据主要用于 SWAT 模型的审定阶段，而水文数据也主要用于 SWAT 模型的审定阶段。观测数据的主要观测站位置见表 6-12。

表 6-12　台站名称、类型、位置和海拔

站台名称	站台类型	经度	纬度	海拔
大西沟	气象站	86°50′	43°06′	3 539 m
英雄桥	水文站	87°12′	43°22′	1 920 m

气象数据在 SWAT 系统中的应用可分为两个组成部分：① 建立一个模型气象发生器，这是 SWAT 模型的一个固有组成部分，主要用于填补气象数据的空白，以及运用模型。② SWAT 模型的气象引擎。SWAT 模型的气象驱动数据包括日降水量(mm)、日最高和最低气温(℃)、日太阳辐射量[kJ/(m^2 · d)]、日平均风速(m/s)和相对湿度(%)，数据观测年份为 2000—2011 年。这些数据基本上为实测数据，其中一些数据可以用模型进行气象发生器的模拟。

气象发生器可以在全年每月气象数据的基础上模拟和生成每日气象数据，但该数据库包含许多参数，包括最高和最低月平均气温以及不同于正常的气温[15]。气象发生器参数可用表 6-13 所列 WGN Excel Macro 加速方法计算，而用于校准和验证 SWAT 径流模拟的水文数据要素是每日的流量(m^3/s)，观测数据的年份为 2000—2011 年。在 SDSM 模型中，气象数据主要作为大规模预测和预测因素间的统计函数发挥作用。在本研究中，SDSM 模型所使用的主要气象要素是日最高和最低气温(℃)以及日降水量(mm)。

表 6-13　天气发生器参数列表

参数	公式
月平均最高气温/℃	$\mu_{\max,\text{mon}} = \sum_{d=1}^{N} T_{\max,\text{mon}}/N$
月平均最低气温/℃	$\mu_{\min,\text{mon}} = \sum_{d=1}^{N} T_{\min,\text{mon}}/N$
最高气温标准偏差	$\sigma_{\max,\text{mon}} = \sqrt{\sum_{d=1}^{N}(T_{\max,\text{mon}} - \mu_{\max,\text{mon}})^2/(N-1)}$
最低气温标准偏差	$aq_{\text{dp},i} = aq_{\text{dp},i+1} + w_{\text{deep}} + w_{\text{pump,dp}}$
月平均降水量/mm	$\overline{R}_{\text{mon}} = \sum_{d=1}^{N} R_{\text{day,mon}}/N$
降水量标准偏差	$\sigma_{\text{mon}} = \sqrt{\sum_{d=1}^{N}(R_{\text{day,mon}} - \overline{R}_{\text{mon}})^2/(N-1)}$
降水的偏度系数	$g_{\text{mon}} = N\sum_{d=1}^{N}(R_{\text{day,mon}} - \overline{R}_{\text{mon}})^3 \Big/ (N-1)(N-2)(\sigma_{\text{mon}})^3$
月内干日日数/d	$P_i(W/D) = (\text{days}_{W/D}, i)/(\text{days}_{\text{dry}}, i)$
月内湿日日数/d	$P_i(W/W) = (\text{days}_{W/W}, i)/(\text{days}_{\text{wet}}, i)$
平均降水天数/d	$\overline{d}_{\text{wet},i} = \text{day}_{\text{wet},i}/N$
露点温度/℃	$\mu_{\text{dew,mon}} = \sum_{d=1}^{N} T_{\text{dew,mon}}/N$
月平均太阳辐射量/[kJ/(m² · d)]	$\mu_{\text{rad,mon}} = \sum_{d=1}^{N} H_{\text{day,mon}}/N$
月平均风速/(m/s)	$\mu_{\text{wnd,mon}} = \sum_{d=1}^{N} H_{\text{wnd,mon}}/N$

(2) 空间数据

空间数据所使用的空间信息主要包括数字高程图(DEM)、土壤类型图(SOIL)和土地利用图(Landse),数据来源于寒旱地区的科学数据中心。来源于 DEM 的数据主要用于边界的形成、分账户的分配和水文系统的产生,它是 SWAT 模型模拟的基础,如图 6-14 所示。

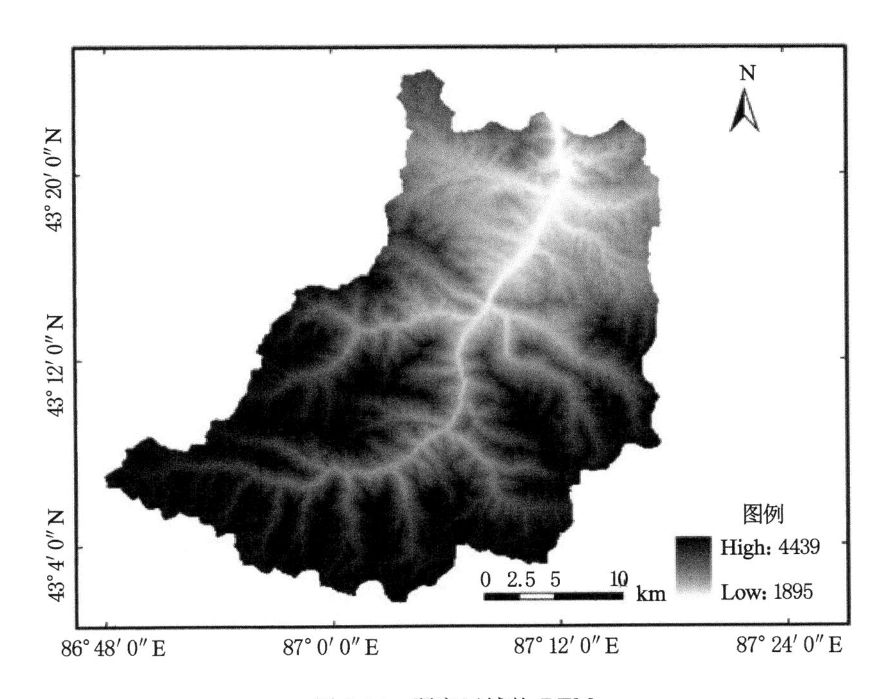

图 6-14　研究区域的 DEM

① 土壤类型分布图:土壤类型的空间分布将影响水文反应模块的分布。数据的准确性将是确保水文反应模块的划分更加切合实际。从图 6-15 可以看出研究区域内土壤类型分布,其比例为 1∶100 万。

② 土地利用类型分布图:土地利用类型的分布也会影响到流域水文反应模块的分布,土地利用类型应与 SWAT 模型的土地利用代码相一致[16]。因此,有必要对现有数据进行重新分类。而 SWAT 模型本身不具备模拟冰川融化过程的能力,冰川在该区域只占5.32%,可将其视为裸地处理,用融化的雪取代冰川融化的过程,使其更接近实际情况。重新分类结果见表 6-14 和图 6-16。

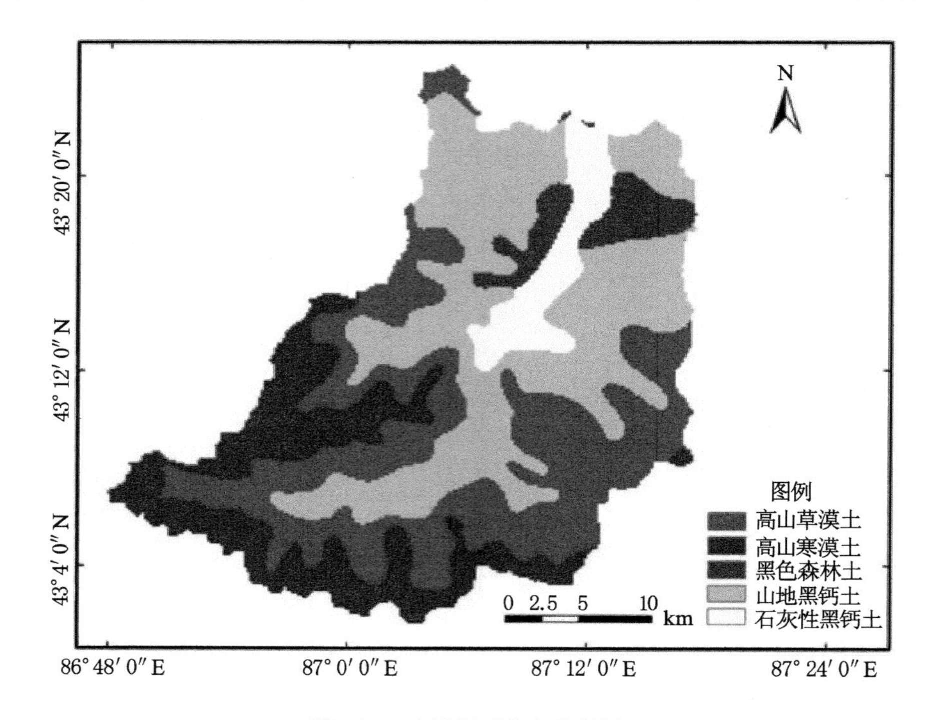

图 6-15　土壤类型分布示意图

表 6-14　土地利用类型重新分类结果

地理编码	原分类名称	面积比例/%	重分类结果
312472001	水源涵养林	6.78	FRST
312473001	夏牧场	34.66	PAST
312473002	冬牧场	28.72	PAST
312475001	水域及冰雪	5.32	BARR
312478001	裸露山地	24.52	BARR

(3) 属性数据

除了土地利用分布类型外,土壤特征数据也是一个重要的组成部分。因为土壤的物理特征在土壤湿度变化周期及其特性中起着重要作用,并且土壤湿度变化周期是一个重要的参数,其对模拟结果的准确性可能会产生重大影响,包括建立一个土壤特性数据库。研究区域内五种类型的土壤见表 6-15。

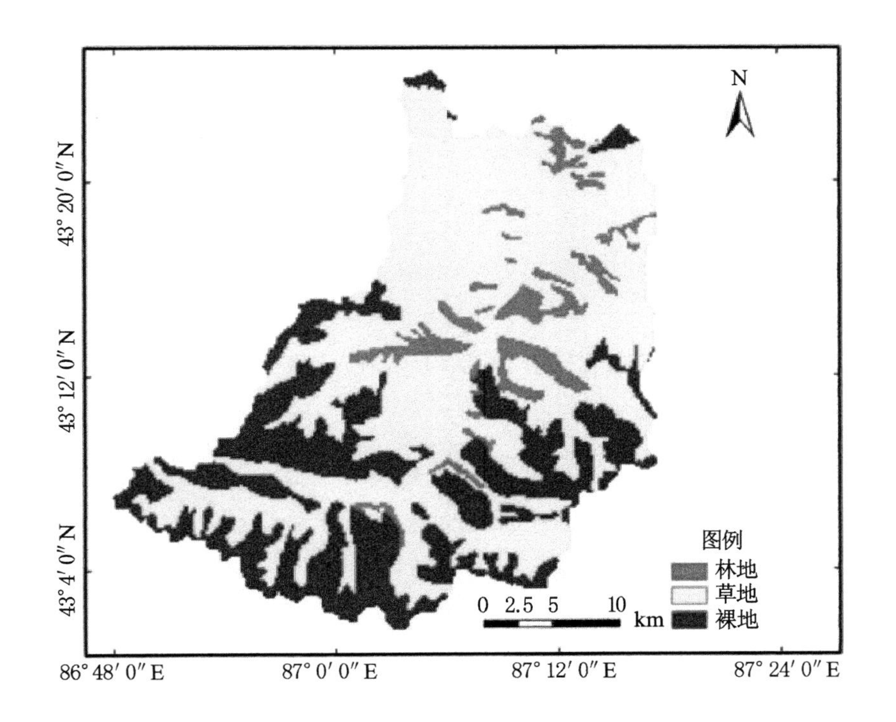

图 6-16　土地利用类型重新分类的分布示意图

表 6-15　乌鲁木齐河流域上游土壤类型

土壤名称	面积比例/%
黑色森林土	4.95
石灰性黑钙土	6.41
高山草甸土	33.05
山地黑钙土	35.7
高山寒漠土	19.9

土壤的物理特性决定着土壤剖面中的湿度和气体的运动，并在 HRU 的水循环中发挥着重要作用，而且是 SWAT 建模的重要数据，SWAT 模型的用户在土壤数据库中需要计算的变量见表 6-16。

表 6-16 土壤物理属性参数表

参数名称	参数定义
SNAM	土壤名称
NLAYERS	土壤分层数
HYDGRP	土壤水文学分组(A、B、C、D)
SOL_ZMX	土壤剖面最大根系深度/mm
ANION_EXCL	阴离子交换孔隙度
SOL_CRK	土壤最大可压缩量
TEXTURE	土壤层结构
SOL_Z	各土壤层底层到土壤表层的深度/mm
SOL_BD	土壤湿密度/(mg/m³ 或 g/cm³)
SOL_AWC	土壤层有效持水量/mm
SOL_K	饱和导水率/(mm/h)
SOL_CBN	土壤层中有机碳含量
CLAY	黏土含量/%
SILT	壤土含量/%
SAND	沙土含量/%
ROCK	砾石含量/%
SOL_ALB	地表反射率
USLE_K USLE	方程中土壤侵蚀因子
SOL_EC	土壤电导率(ds/m)

6.2.2.2 分析方法

(1) SWAT 模型

SWAT 模型水文循环的陆地过程阶段基于的水量平衡方程为:

$$SW_{t,i} = SW_{0,i} + \sum^{t}(Q_{day,i} - Q_{surf,i} - E_{a,i} - W_{seep,i} - Q_{gw,i}) \qquad (6\text{-}1)$$

式中 $SW_{t,i}$——土壤最终含水量,mm;

$SW_{0,i}$——第 i 天的土壤初始含水量,mm;

t——时间,d;

$Q_{day,i}$——第 i 天的降水量,mm;

$Q_{surf,i}$——第 i 天的地表径流量,mm;

$E_{a,i}$——第 i 天的蒸散量,mm;

$W_{seep,i}$——第 i 天从土壤剖面进入包气带的水量，mm；

$Q_{gw,i}$——第 i 天回归流的水量，mm。

① 地表径流

在估计地表径流时，SWAT 提供了两种方法：SCS 曲线法和 Green-Ampt 过滤法。因为 Green-Ampt 过滤法需要在短时间内获得降水量数据，而且很难获得实际有用的数据，因此本书只介绍 SCS 曲线法。

SWAT 模型为不同土地利用类型和土壤类型下的径流量估算提供了依据[17]。SCS 曲线法的正态方程为：

$$Q_{surf} = \frac{(R_{day} - 0.2S)^2}{(R_{day} + 0.8S)} \tag{6-2}$$

$$S = 25.4\left(\frac{1\,000}{CN} - 10\right) \tag{6-3}$$

式中 Q_{surf}——当日地表径流，mm

R_{day}——当日降水量，mm；

S——当日最大滞留量，mm；

CN——径流量曲线数。

SCS 曲线法定义了三种前期土壤水分条件：干旱、正常和湿润，其中干旱和湿润的 CN 值可用下列公式计算：

$$CN_1 = CN_2 - \frac{20 \times (100 - CN_2)}{\{100 - CN_2 + \exp[2.533 - 0.063\,6 \times (100 - CN_2)]\}} \tag{6-4}$$

$$CN_3 = CN_2 \cdot \exp[0.006\,73 \cdot (100 - CN_2)] \tag{6-5}$$

式中 CN——该日径流量曲线值；

CN_1、CN_2、CN_3——三个等级相应的 CN 值。

不同坡度下的曲线数计算公式为：

$$CN_{2s} = \frac{CN_3 - CN_2}{3}[1 - 2\exp(-13.86 \cdot slp)] + CN_2 \tag{6-6}$$

式中 CN_{2s}——坡度修正后正常等级下的 CN_2 值；

slp——子流域的平均坡度。

② 壤中流计算

SWAT 模型采用动态存储模型计算土壤中的流速。该模型考虑了土壤含水量的梯度、导水率和时空变化。计算公式如下：

$$Q_{lat} = 0.024\left(\frac{2 \times SW_{ly,excess} \cdot K_{sat} \cdot slp}{L_{hill} \cdot \varphi_d}\right) \tag{6-7}$$

式中　Q_{lat}——壤中流，mm；

$SW_{ly,excess}$——土壤饱和区内可流出的水量，mm；

L_{hill}——山坡坡长，m；

φ_d——土壤总孔隙度；

K_{sat}——土壤饱和导水率，mm/h。

③ 地下径流计算

根据SWAT模型模拟的地下径流包括地表和深层地下径流，后者是地下饱和带的水，最终以基本流形式流入河流径流。深层地下水是地下承压饱和带中的水，通常是抽取的[18]。

浅层地下水水量平衡方程为：

$$aq_{sh,i} = aq_{sh,i-1} + w_{rchrg,sh} - Q_{gw} - w_{recap} - w_{pump,sh} \tag{6-8}$$

式中　$aq_{sh,i}$、$aq_{sh,i-1}$——第 i 天和第 $i-1$ 天浅水层中的储水量，mm；

$w_{rchrg,sh}$——第 i 天浅层含水层的补给量，mm；

Q_{gw}——第 i 天汇入主河道的地下水径流量，mm；

w_{recap}——第 i 天因土壤水分不足而进入土壤带的水量，mm；

$w_{pump,sh}$——第 i 天浅层含水层的抽水量，mm。

深层地下水水量平衡方程为：

$$aq_{dp,i} = aq_{dp,i-1} + w_{deep} - w_{pump,dp} \tag{6-9}$$

式中　$aq_{dp,i}$和$aq_{dp,i-1}$——第 i 天和第 $i-1$ 天深层含水层的储水量，mm；

w_{deep}——第 i 天浅层含水层渗入深层含水层的水量，mm；

$w_{pump,dp}$——第 i 天深层含水层的抽水量，mm。

④ 蒸散量计算

对于SWAT模型存在三种蒸散量的计算方法，分别是Hargreaves、Priestley-Taylor和Penman-Monteith，而SWAT模型在使用这三种方法计算时，所需要输入的变量是不一样的，具体见表6-17。

表6-17　蒸散量计算方法的选择

蒸散发量计算方法	输入的变量
Hargreaves	气温
Priestley-Taylor	太阳辐射、气温和相对湿度
Penman-Monteith	太阳辐射、气温、相对湿度和风速

为了更全面考虑计算出蒸发值的边界条件，在此模拟采用Penman-

Monteith 的方法进行计算。

Penman-Monteith 方法含维持蒸发所要的能量、水汽输送路径长度、空气动力学因子和表面阻抗因子。方程如下：

$$ET_0 = \frac{0.408 \times \Delta \times (R_n - G) + \frac{900\gamma \times u_2 \times (e_s - e_a)}{T + 273}}{\Delta + \gamma \times (1 + 0.34 u_2)} \tag{6-10}$$

式中　ET_0——参考蒸散率，mm/；

R_n——地表净辐射量，$MJ/(m^2 \cdot d)$；

G——土壤热通量，$MJ/(m^2 \cdot d)$；

T——平均气温，℃；

U_2——2 m 高度处的风速，m/s；

e_s——饱和水汽压，kPa；

e_a——实际水汽压，kPa；

$e_s - e_a$——饱和水汽压差，kPa；

Δ——水汽压曲线斜率，kPa/℃；

γ——湿度计常数。

对于中等稳定大气下水分供给充足的植物，在假设对数风速分布的情况下，Penman-Monteith 方程为：

$$\gamma E = \frac{\Delta \cdot (H_{net} - G) + \gamma \cdot K_1 (0.622\gamma \cdot \rho / p) \cdot (e_z^0 - e_z)/r_a}{\Delta + \gamma(1 + r_c/r_a)} \tag{6-11}$$

式中　γ——蒸发潜热，MJ/kg；

E——最大散发率，mm/d；

K_1——确保两个变量单位统一所需要的换算系数；

p——大气压，kPa。

⑤ 融雪计算

SWAT 模型将降水分为降水和降雪，以用户确定的每日平均气温为基础，将降水与降雪分开。如果日平均气温低于关键气温，降雪达到高分辨率，雪覆盖率就上升到相当于雪的水平。雪的储水能力被称为雪的能量，它随雪量而增加，随着融化增加而减少，其能量节约方程为：

$$SNO = SNO + R_{day} - E_{sub} - SNO_{mlt} \tag{6-12}$$

式中　SNO——某一天积雪的含水量，mm；

R_{day}——某一天的降水量，mm；

E_{sub}——某一天积雪的升华量，mm；

SNO_{mlt}——某一天的融雪量，mm。

积雪受到地形地貌和遮蔽物等因素的影响,积雪不可能均匀地分布在子流域内[19]。因此,有必要对无雪面积进行量化,以便准确计算子流域的融雪量。影响积雪覆盖范围变化的因素是年复一年的,这使得在一个特定的时间内将子流域现有的积雪量和积雪覆盖面积关联起来。相关系数可用面积回归曲线表示,即子流域现有积雪量的函数可以用来表示积雪的季节性增长和减少。

面积消退曲线基于自然对数,计算方程为:

$$sno_{\mathrm{cov}} = \frac{SNO}{SNO_{100}}\left[\frac{SNO}{SNO_{100}} + \exp\left(cov_1 - cov_2\frac{SNO}{SNO_{100}}\right)\right] \tag{6-13}$$

式中 sno_{cov}——积雪覆盖面积占 HRU 面积的分数;

SNO——某一天积雪的含水量,mm;

SNO_{100}——积雪 100%覆盖区域的积雪深度阈值,mm;

cov_1、cov_2——定义曲线形状的系数。

积雪的气温、面积和融雪速率对融雪量有一定的影响,积雪气温的计算公式为:

$$T_{\mathrm{snow}(d)} = T_{\mathrm{snow}(d-1)}(1-\lambda_{\mathrm{snow}}) + \overline{T}_{\mathrm{av}}\lambda_{\mathrm{snow}} \tag{6-14}$$

式中 $T_{\mathrm{snow}(d)}$——某一天的积雪气温,℃;

$T_{\mathrm{snow}(d-1)}$——前一天的积雪气温,℃;

λ_{snow}——积雪气温滞后因子,mm/(d·℃);

$\overline{T}_{\mathrm{av}}$——当天的平均气温,℃。

当雪的气温超过临界值时,雪开始融化。SWAT 模型通过线性函数计算融雪量,计算公式为:

$$SNO_{\mathrm{mlt}} = b_{\mathrm{mlt}}\, sno_{\mathrm{cov}}\left(\frac{T_{\mathrm{snow}} + T_{\max}}{2} - T_{\mathrm{mlt}}\right) \tag{6-15}$$

式中 SNO_{mlt}——某一天的融雪量,mm;

b_{mlt}——当天的融雪因子,mm/(d· ℃);

sno_{cov}——积雪覆盖面积占 HRU 面积的分数;

T_{snow}——某一天的积雪气温,℃;

$T_{\max}$——某一天的最高气温,℃;

T_{mlt}——融雪的阈值气温,℃。

融雪因子存在季节性变化,夏至和冬至时分别达到最大值和最小值。

$$b_{\mathrm{mlt}} = \frac{b_{\mathrm{mlt6}} + b_{\mathrm{mlt12}}}{2} + \frac{b_{\mathrm{mlt6}} - b_{\mathrm{mlt12}}}{2}\sin\left[\frac{2\pi}{365(d_n - 81)}\right] \tag{6-16}$$

式中 b_{mlt}——某一天的融雪因子,mm/(d· ℃);

b_{mlt6}——6 月 21 日的融雪因子,mm/(d· ℃);

b_{mlt12}——12 月 21 日的融雪因子，mm/(d·℃)；

d_n——日期在年内的顺序号。

(2) SDSM 模型

SDSM 模型可成为解决大气候变化与地方水文应对进程规模间差异的有效手段。该模型的主要特点是采用基于传统的多元回归法的随机气象生成器概念，将该算法分为两部分计算降水概率。

① 降水发生概率计算

$$W_i = a_0 + \sum_{j=1}^{n} a_j x_j + a_{i-1} W_{i-1} \tag{6-17}$$

式中　W_i——第 i 日发生降水的概率；

W_{i-1}——第 $i-1$ 日发生降水的概率，用于描述降水概率的自相关关系；

x_j——所提取的第 j 个预报因子；

a_0、a_{i-1}、a_j——回归系数，由最小二乘法求得。

降水是否发生由一个符合均匀分布的随机数 $r(0 \leqslant r \leqslant 1)$ 来决定，假如 $r \leqslant W_j$，则认为该日发生降水事件。

② 降水量模拟

如果发现某一天有降水，多元指数回归函数可模拟该日的降水量，计算公式为：

$$R_i = \exp\left(\beta_0 + \sum_{j=1}^{n} \beta_j x_j + \varepsilon_i\right) \tag{6-18}$$

式中　R_i——第 i 日的降水量，mm；

β_j——回归系数，由最小二乘法求得；

ε_i——误差项。

R_i 的期望值为：

$$E(R_i) = \varphi C_R \exp\left(\beta_0 + \sum_{j=1}^{n} \beta_j x_j\right) \tag{6-19}$$

式中　φ——缩放因子，设置该系数的目的是将模拟降水序列的方差增加一个平均值为 1 的随机数，从而解决降尺度方差小的问题；

C_R——模型校正系数，用来模拟降水总量是否接近实测值。

6.2.3　未来径流变化趋势

使用 SDSM 模型预测未来乌鲁木齐河流域径流量变化趋势，以产生两种未来的气候假设情景 A2 和 B2，并将两种未来的气候假设情景纳入校准的 SWAT

模型，以便在未来的假设情景中预测乌鲁木齐河流域上游的径流量。在此预测了在SWAT模型中输入的2021—2050年乌鲁木齐河流域日最高气温、日最低气温和日降水量数据，以及2021—2050年乌鲁木齐河流域径流量的变化。预测结果如图6-17所示。从图6-17和表6-18可以看出，2021—2050年间，在A2和B2两种情景下，乌鲁木齐河流域径流量均表现出增长的趋势，其总水量的加速度分别为0.16亿 $m^3/10$ a和0.12亿 $m^3/10$ a。

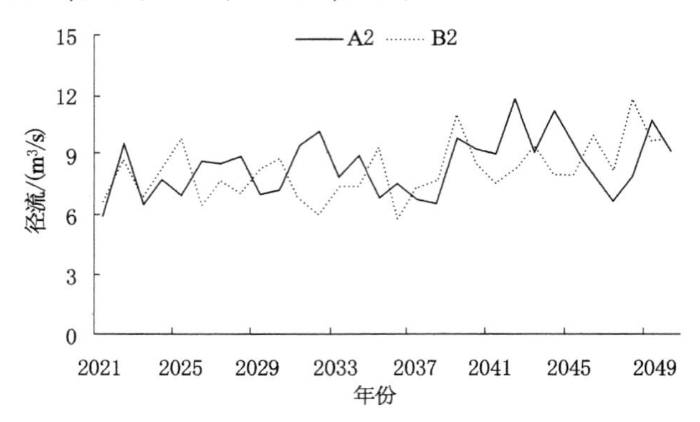

图6-17　不同情景下的径流变化

表6-18　乌鲁木齐河流域上游年均总水量变化情况　　单位：10^8 m^3

总水量	基准期	20年代	变化量	30年代	变化量	40年代	变化量
A2	2.34	2.43	0.09	2.62	0.28	2.92	0.57
B2	2.34	2.48	0.13	2.43	0.08	2.84	0.49

图6-18所示为未来不同情景下的年平均径流量分布情况。可以看出，径流量在不断增加的部分所处的月份与降水和气温变化有关。1月、2月和3月的径流增加是由于气温和降水量变化引起，其特点是最高和最低气温以及平均气温大幅上升，相应的月份冰雪融化率上升。3月降水量有所增加和气温升高的结果，导致河流的补给量和径流量增加。7月和8月的径流量增加主要是降水量增加引起的，最高气温在这两个月里虽然上升了，但最低气温的降低使平均气温没有多大变化。9—12月期间径流量增加的原因是气温的变化，最高气温略有上升，最低气温则在下降。这将导致平均气温降低和蒸散量减小，当月降水量增加时，径流量必然增加。

在气候变化的条件下，径流模拟与水文模拟的不确定性是大不相同的[20]。如若水文模型在输入的情景下，全部信息来自气候模型的结果，同时考虑到气

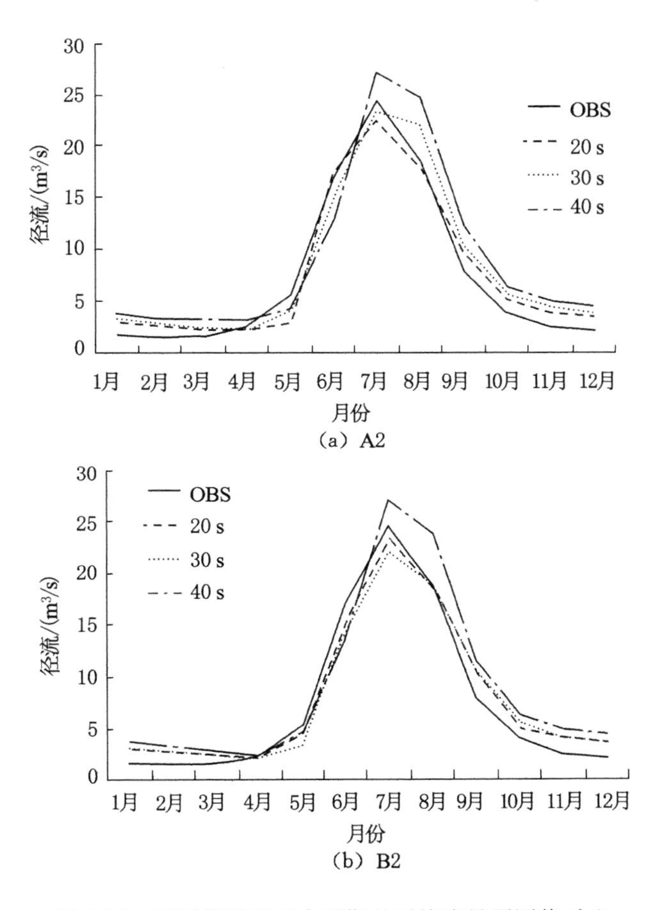

图 6-18　不同情景下三个时期月平均流量预测值对比

候模型和假设情景的不确定性，其中也包括水文模型的不确定性。因此，影响径流的不确定性因素在气候变化的背景下比单纯的径流模拟更为复杂。在此利用 NCEP 和 HADCM3 两种大规模网格数据构建了 SDSM 模型。作为重新分析的数据，NCEP 已经与人类经验相结合。作为一种 GCM 模型，HADCM3 有两种排放模式，也是未来社会发展的不同情景中的一种情景，并存在着不确定性。虽然 GCM 模型目前是一种可靠的气候评估方法，但根据其理论基础，不同模型的结果各不相同，即反映了内部参数的复杂性和不确定性。

6.3 预估径流变化对预估气候变化的响应

分析研究表明，SDSM模型在率定期和验证期的模拟效果要优于ASD模型。因此，将使用SDSM模型生成RCP2.6、RCP4.5和RCP8.5三种未来气候，并将其纳入已经校正好的SWAT径流模型。该模型的主要目的是预测乌鲁木齐河流域上游的未来假设情景。对2021—2059年的日最高气温、日最低气温和日降水量做估计并输入SWAT水文模型，其中设想了一个变化过程，以预测乌鲁木齐河上游的未来假设情景下的径流量情况，预估结果如图6-19所示。

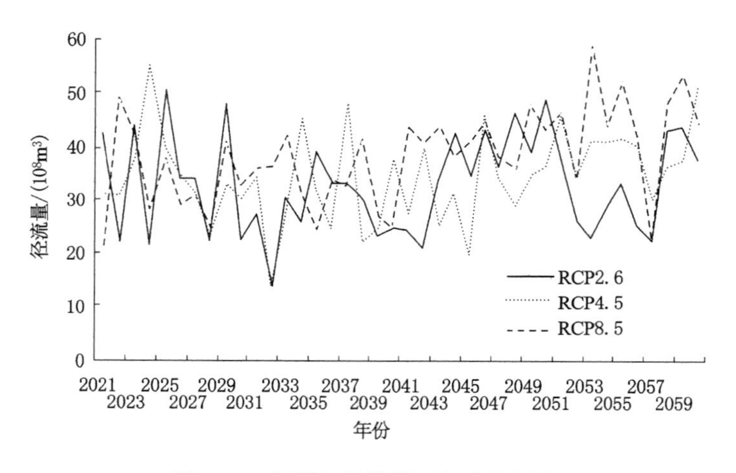

图6-19 不同气候情景下径流量预估

从图6-19可以看出，三种气候情景下预测的径流量曲线均呈上升趋势。在三种气候情况下，年径流量估算值分别为32.81×10^8 m^3(RCP2.6)、34.49×10^8 m^3(RCP4.5)和38.2×10^8 m^3(RCP8.5)。与基准期(1980—2000年)相比，未来三种气候情景下的年径流量变化为：RCP2.6的预测径流量减少了5.14%，RCP4.5的接近，RCP8.5的增加了10.74%。从每年的角度看，2039年、2041—2042年、2052—2056年和2058—2059年的径流量增加，同时气候排放情景中的浓度增加，这可能会受到年降水量和气温上升的影响，预测的2028—2030年径流量趋势基本上是一致的。与其他气候假设情景相比，预测的2024年、2034年、2037年和2045年的径流量与其他气候假设情景相比有很大的差异，可能与气温和降水量的异常变化有关[21]。在接下来的几年里，对这三种情况的估计是不同的。

由图 6-20 可以看出，与年径流量预测相比，不仅月平均径流量趋势与基准期基本一致，而且 1—6 月和 8—9 月的径流量也一致。然而，对于洪峰径流量的预测，对三种气候假设情景下的预测都不理想，而且径流量高估明显。不同假设情景下的径流量往往增加，主要原因是不同月份的气温和降水量不同[22]。月径流量主要表现在夏季、秋季和冬季的假设情况下径流量增加，这很可能与降水量增加有关。7 月最大径流量为 6.3×10^8 m^3（RCP2.6）、7×10^8 m^3（RCP4.5）和 7.94×10^8 m^3（RCP8.5）。在 RCP2.6 情景下，3 月、7 月和 11 月的径流量分别增加了 1.17%、11.27% 和 71.1%，其原因可能与降水量增加或当月最高气温升高有关，其余时间呈下降趋势，尤其是 9 月，降幅为 20.65%，可能是由于该月气温最低的缘故。在 RCP4.5 情景下，其变化类似于 RCP2.6。3 月、7 月和 11 月分别增长 13.09%、22.84% 和 68.8%，2 月下降 15.41%，可能与最低气温较低直接相关。在 RCP8.5 情景下，上升月份与上述两种情景基本一致，径流量减少月份为 8 月，减少 3.9%，可能与该月降水量减少有关。

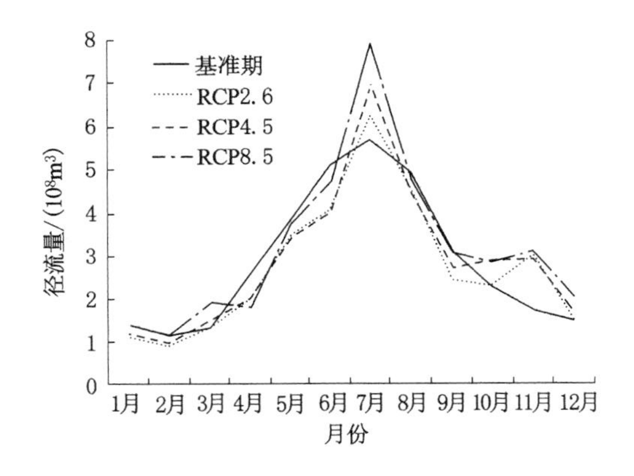

图 6-20　不同气候情景下月平均径流量与实测值的对比

参考文献

[1] MARVEL K，COOK B I，BONFILS C J W. et al. Twentieth-century hydroclimate changes consistent with human influence[J]. Nature，2019，569(7754)：59-65.

[2] 江涛，陈永勤，陈俊合，等. 未来气候变化对我国水文水资源影响的研究[J].

中山大学学报(自然科学版),2000 (S3):151-157.
[3] 穆振侠,姜卉芳.基于统计降尺度方法的高寒山区未来气候变化预估[J].干旱区研究,2015,32(2):290-296.
[4] 李依婵,李育,朱耿睿.一种新的气候变化敏感区的定义方法与预估[J].地理学报,2018,73(7):1283-1295.
[5] 高学杰,石英,张冬峰,等.RegCM3 对 21 世纪中国区域气候变化的高分辨率模拟[J].科学通报,2012,57(5):374-381.
[6] 成爱芳,冯起,张健恺,等.未来气候情景下气候变化响应过程研究综述[J].地理科学,2015,35(1):84-90.
[7] 范丽军,符淙斌,陈德亮.统计降尺度法对未来区域气候变化情景预估的研究进展[J].地球科学进展,2005,20(3):320-329.
[8] WILBY R L,DAWSON C W,BARROW E M. SDSM:a decision support tool for the assessment of regional climate change impacts[J]. Environmental modelling and software,2002,17(2):145-157.
[9] 褚健婷,夏军,许崇育.SDSM 模型在海河流域统计降尺度研究中的适用性分析[J].资源科学,2008(12):1825-1832.
[10] 刘燕,刘友存,焦克勤,等.1990 年以来天山乌鲁木齐河上游水资源研究进展[J].冰川冻土,2019,41(4):958-967.
[11] 初祁,徐宗学,蒋昕昊.两种统计降尺度模型在太湖流域的应用对比[J].资源科学,2012,34(12):2323-2336.
[12] 傅国斌,李克让.全球变暖与湿地生态系统的研究进展[J].地理研究,2001,20(1):120-128.
[13] STRAUCH M,BERNHOFER C,KOIDE S,et al. Using precipitation data ensemble for uncertainty analysis in SWAT streamflow simulation [J]. Journal of hydrology,2011(414):413-424.
[14] ARNOLD J G,WILLIAMS J R,NICKS A D,et al. SWRRB:a basin scale simulation model for soil and water resources management [M]. Texas: University of texas press,1990.
[15] 杨凯杰,吕昌河.SWAT 模型应用与不确定性综述[J].水土保持学报,2018 (1):17-24,31.
[16] 李宏亮.基于 SWAT 模型的土地利用/覆被变化对水文要素的影响研究:以大清河山区部分为例[D].石家庄:河北师范大学,2007.
[17] 王爱娟,张平仓,丁文峰.应用 SCS 模型计算泰巴山区小流域降雨径流

[J]. 人民长江,2008,30(15):49-50,77,112.

[18] 曹杰,陶云. 中国的降水量符合正态分布吗? [J]. 自然灾害学报,2002,11(3):115-120.

[19] 赵姹,李志,刘文兆. GCM 降尺度预测泾河流域未来降水变化[J]. 水土保持研究,2014,21(1):23-28.

[20] 刘艳丽. 径流预报模型不确定性研究及水库防洪风险分析[D]. 大连:大连理工大学,2008.

[21] 沈大军,刘昌明. 水文水资源系统对气候变化的响应[J]. 地理研究,1998(4):3-5.

[22] 蓝永超,康尔泗,仵彦卿,等. 气候变化对河西内陆干旱区出山径流的影响[J]. 冰川冻土,2001,23(3):276-282.

第7章 气候情景下乌鲁木齐河流域出山径流的变化特征

河流的径流量是流域系统不同气候条件与流域下垫面相互作用的综合反映，径流量的生成和变化在很大程度上受气候系统的影响[1]。气温、降水量和蒸散量是气候变化的关键指标，它们是影响区域生态景观格局和径流量的主要因素[2-3]。

乌鲁木齐河流域的补给主要是来自冰雪融水、降水和地下水，而河流径流量的形成和水的供给受到河流径流量构成的影响[4-5]。该流域的冰川面积较大，约 66.5 km^2，冰储量 25×10^9 m^3，主要分布在哈拉乌成山。冰川融水是该流域的一个重要补给源[6-7]，每年有 0.499×10^9 m^3 的冰川融水注入乌鲁木齐河和头屯河水系，这些河流的一个重要特点是降雪融化后易形成春汛。降水量是形成径流的主要组成部分，并覆盖整个山区。夏季的降水量主要表现在 6—8 月的雨季，占年降水量的 60%～80%[8]。

7.1 气温变化情景下出山径流变化

乌鲁木齐河流域的年平均气温为－7.1～7.0 ℃，气温年较差 14.1 ℃。年气温变化随着海拔的上升而下降，但并不是所有区域的气温变化都是如此，有些区域会出现气温逆差现象，如山前平原至沙漠地区。但盆地泉水出露地区的年气温随着海拔上升而又升高，其递增率为 1.1 ℃/100 m[9-10]。

流域内月气温的分布特征：

(1) 几乎整个流域内的 1 月气温是最低的，一般在－19.0～－10.0 ℃之间，7 月气温最高。高山与平原地区的温差在 4.0～25.0 ℃之间。沙漠平原区 7 月气温为 21.0～25.0 ℃，冬季差异较大，约 9 ℃。

(2) 不同地区的气温不到 0 ℃的天数是不一样的，沙漠平原区和中、低山区一般在 11 月至翌年 3 月。高山地区则在当年 9 月至翌年 5 月。

(3) 11 月至翌年 2 月，中、低山区进入冷季，并伴随着逆温现象。

(4) 4—10 月进入暖季。

(5) 3 月气温开始回升。

蒸散发受气温的直接影响,而径流受气温、蒸散量和降水量的影响。可通过以下几个方面看出:① 冰雪融化;② 流域内的全部蒸散量;③ 流域内高山区降水模式的变化;④ 下垫面性质的变化;⑤ 盆地与地表和地表大气层之间的气温差异。其中,降水量对径流的影响是最大的。

对气温与河流径流量变化两者间的相关性进行分析可以知道:降水和热量与流域径流量变化存在一定的关系。其中,热量条件表示正积温,具体表示冰雪融化时气温超过 0 ℃的积温情况,积温越高,热量越大,冰雪融化量越大,河流径流量亦越多。

Sen 斜率法是地质科学领域常用的一种统计方法,主要用于分析流域水文气象要素的趋势和量级,采用坡度序列中值作为趋势判断方法,分析气温等气候因素对径流量变化的影响,其公式为:

$$\text{Sen} = \text{Median}\left(\frac{x_j - x_i}{j - i}\right), \quad \forall j > i \tag{7-1}$$

式中　Sen——Sen 斜率值;

x_i、x_j——第 i 时刻和第 j 时刻的序列值,$1 \leqslant i < j \leqslant n$,$n$ 为序列长度。

显著性水平 α 对应的 Sen_{ij} 的置信区间为:

$$P(\text{Sen}_{M_1} < \text{Sen} < \text{Sen}_{M_2}) = 1 - \alpha \tag{7-2}$$

$$M_1 = \frac{N - C_\alpha}{2}$$

$$M_2 = \frac{N + C_\alpha}{2}$$

$$C_\alpha = Z_{1-\alpha/2} \times \sqrt{\text{var}(\text{Sen}_{ij})}$$

$$\text{var}(\text{Sen}_{ij}) = n(n-1)(2n+5)/18$$

式中　M_1——上述置信区间斜率的最小值;

M_2——上述置信区间斜率的最大值;

$Z_{1-\alpha/2}$——在显著水平为 α 时的统计值。

通过对 Sen 斜率的计算,得到乌鲁木齐河流域气温、降水量和径流量年变化等水文气象要素,进而分析乌鲁木齐河流域山区径流量随气候变化的特征。

从表 7-1 看出,在流域月径流量和年径流量的百分比中,年径流量分布不均匀。径流量集中在夏季的 6—8 月,占 60%以上,其他月份径流量相对要小一些,年最大径流量一般在 7 月,其原因是年内降水量分布不均匀。

表 7-1 英雄桥站各月径流量与年径流量的百分比

时间	1月	2月	3月	4月	5月	6月	7月	8月	9月	10月	11月	12月
1993—1997	1.79	1.32	1.52	2.1	6.2	19.1	31.4	18.7	9.2	4.0	3.0	2.2
1998—2002	1.8	1.7	1.8	2.2	5.6	18.6	27.1	22.9	8.6	4.4	2.9	2.4
2003—2007	2.0	1.71	1.8	2.8	6.1	14.8	28.2	55.9	9.7	5.0	3.0	2.4
2007—2012	2.0	1.62	1.9	2.8	5.7	21.5	27.4	19.3	8.5	4.2	2.7	2.5
年平均径流量/%	2.1	1.7	1.8	2.5	5.9	18.5	28.5	21.0	9.0	4.4	2.8	2.4

乌鲁木齐河流域英雄桥站资料表明,年径流量分布极不均匀(图 7-1)。最小径流量在 2 月,4 月以后逐渐上升,到 7 月为最大值,8 月开始下降,至 12 月为最小值。流域径流量等级变化的降水集中度如图 7-2 所示。1993—2013 年径流量集中度总体呈下降趋势。

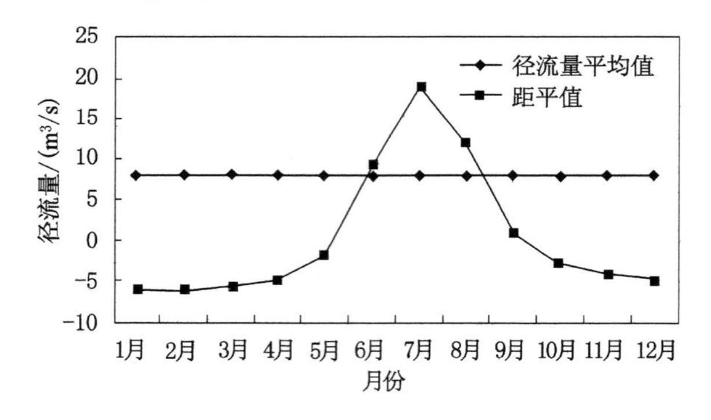

图 7-1 英雄桥站径流量月变化

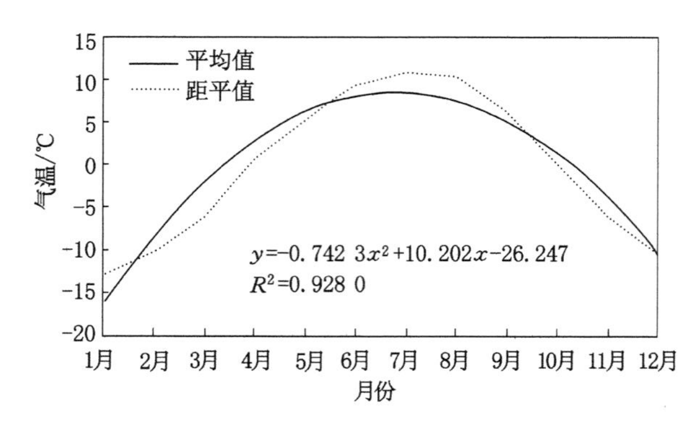

图 7-2 流域内气温年内变化

径流量与年平均气温的月变化呈抛物线形。年内的最高气温在7月，而1—7月气温逐渐上升，7—12月逐渐下降，径流量和气温的变化趋势相似。

7.2 降水量变化情景下出山径流变化

乌鲁木齐河流域降水量分布总体趋势是南多北少、西多东少。其中，沙漠和平原地区的降水量不及山地，盆地不及谷地，背风坡不及迎风坡[11]。

(1) 沙漠地区降水量分布

乌鲁木齐河消失于古尔班通古特沙漠的南缘(蔡家湖)。该地区年降水量一般在135.4 mm，最大降水量为239.7 mm(1987年)，最小降水量为70.7 mm(1974年)，可以看出其差异是很大的，显示了干旱区和沙漠地区的主要气候特征。

该区域的降水量一般形不成径流，但在有些上覆黄土层的地方在很短的距离内可能产生径流。超过90%的降水渗入沙土层，少量的降水在地表面蒸发。当渗透深度在30.0～50.0 cm时，夏季的沙漠地区很热，大部分的渗透水分被蒸发，只有少部分被周围稀疏的植被所吸收[12]。

(2) 绿洲地区降水量分布

绿洲地区年降水量平均在150.0～250.0 mm之间。该区域大部分是长期耕作地和未开垦耕作地，其发展潜力巨大。除了地表水的径流集聚之外，在山区有地下出露的泉水和从地表渗出的地下水，可供农业、工业、生态和生活用水[13]。

该区域年平均降水量在244.1 mm，最大降水量为401.0 mm(1958年)，最小降水量为131.3 mm(1974年)。在1978年6月11日出现的最大日降水量为57.7 mm，可与中国东部的强降水量相媲美，年地表径流量平均可达1.61亿 m^3。

(3) 低山地区降水量分布

低山地区年平均降水量在250～350 mm之间，而且降水量梯度最小。山前地带面积广阔，降水量的区域差异不明显。同时，该流域是坡度最小的地区，坡度一般在10 m/100 m。区域内存在一些农业绿洲，但以畜牧业为主，为春、秋季节的放牧区。区域上限为草地或草原区，下限为半荒漠和荒漠草原区。乌鲁木齐河流域青年渠首的降水量为350 mm，位于绿洲地区降水量上限，海拔1 500 m。假若水量过剩，可适当开发人工草地，实现农牧结合。该区域内年平均降水量在365.3 mm，最高为540.3 mm(1958年)，最低为221.2 mm(1977年)。

(4) 中山地带降水量分布

中山地带平均海拔在 1 500～3 000 m 之间,降水量分布东部高、西部低。中山地带最大降水高度区在 2 000～2 200 m,上限在 2 500～2 800 m,降水量大于 500.0 mm。

该区域年平均降水量在 536.1 mm,属于半湿润地区的边界。尤其是在暖季,降水量比较大,如 1963 年 6 月 14 日最大日降水量为 54.6 mm。虽然部分降水由于渗透作用被森林或者草地拦截,但是该区域的径流量还是较大的。

(5) 高山地区降水量分布

高山地区海拔一般在 3 000～4 800 m。该区域的年平均降水量一般在 400.0 mm 以上,但总的降水量小于中山地区。最大降水量为 632.1 mm(1985 年),最小降水量为 293.4 mm(1996 年),二者相差 2.0 倍以上。1996 年 7 月 19 日的日最大降水量为 40.3 mm。

乌鲁木齐河流域几乎常年降雪的区域主要有:① 高山冰雪区,现代冰川分布广,海拔 3 440～4 050 m,年平均气温 −6.0 ℃,降雪占年平均降水量的 75.0%以上;② 亚高山多年冻土区,年平均气温 −2.5～1.2 ℃,降雪占 50.0%;③ 中高山寒温带,年平均气温 0～4.0 ℃,降雪占 20.0%～30.0%,一般是山区降水量最大的区域,年降水量在 400.0～500.0 mm。

月、季和年降水量均由中国气象研究数据共享服务网数据源提供,并经初步处理后得到表 7-2。乌鲁木齐河流域春、夏、秋和冬季的降水量分别为 86.3 mm、85.5 mm、65.0 mm 和 34.0 mm,年降水量具有明显的不同,年平均降水量为 270.8 mm。

对乌鲁木齐河流域 1951—2014 年降水量趋势进行分析(表 7-3),年降水趋势率为 14.11 mm/10 a,其序列的皮尔曼相关系数为 0.347,年平均降水量增长趋势明显,并通过 0.01 的置信检验。但春、夏和秋季的降水量未通过 0.01 的置信检验,即使也呈上升趋势,增长却是不显著的。冬季降水量不仅呈上升趋势,而且通过了 0.01 的置信检验,说明冬季降水量增势明显。

表 7-2 乌鲁木齐河流域多年平均季节降水量统计

季节	春季	夏季	秋季	冬季
降水量/mm	86.3	85.5	65.0	34.0
降水比例/%	31.9	31.6	24.0	12.5

表 7-3　乌鲁木齐河流域年和季节降水量的年代倾向率及相关系数

季节	年代倾向率/(mm/10 a)	相关系数	趋势	显著性
春季	3.38	0.228	增加	不显著
夏季	4.36	0.161	增加	不显著
秋季	2.42	0.183	增加	不显著
冬季	3.95	0.471	增加	显著
全年	14.11	0.347	增加	显著

在低频区，Morlet 小波的频率分辨率高，时间分辨率低；在高频区，则相反。

对小波基函数进行尺度伸缩和空间平移，可得：

$$\psi_{a,b}(t) = |a|^{-1/2}\psi\left(\frac{t-b}{a}\right) \quad (b \in R, a \in R, a \neq 0) \tag{7-3}$$

式中　$\psi_{a,b}(t)$——子小波；

a——尺度因子，反映小波的周期长度，也叫伸缩因子；

b——时间因子，反映时间上的平移，也叫平移因子。

如果采样时间间隔为 Δt，样本大小为 N，则对于能量有限的信号 $f(t) \in L^2(R)$，离散小波变换形式为：

$$W_f(a,b) = |a|^{-1/2}\Delta t \sum_{k=1}^{n} f(k\Delta t)\bar{\psi}\left(\frac{k\Delta t - b}{a}\right) \tag{7-4}$$

式中　$W_f(a,b)$——小波系数，随参数 a 和 b 的变化而变化，能同时反映时域参数 b 和频域参数 a 的特性。

小波方差定义为：

$$\mathrm{var}(a) = \frac{1}{n}\sum_{k=1}^{n} |W(a,b)|^2 \tag{7-5}$$

小波方差图可以表现出波能随尺度的分布，也能确定序列中的主时间尺度，即主周期。这种方差图是小波方差随尺度 a 的变化过程。

图 7-3 是根据乌鲁木齐河流域 1951—2014 年的降水量异常序列绘制的。为了更客观地反映降水量序列的一、二次周期，绘制了年和春、夏季的平均降水量异常小波方差图，如图 7-3(b)所示。

从图 7-3(a)可以看出，年平均降水量的变化周期并非全都相同。除 5 a 以下的时间范围之外，小波方差值在 6 a 和 20 a 较大，主要周期为 6 a，次周期为 20 a。由图 7-3(b)可以看出，春、夏季降水量也有不同的周期交替现象。除 5 a 以下的高频振荡区外，9 a 和 22 a 的小波方差较大。因此，流域春、夏季降水量的主周期为 9 a，次周期为 22 a。

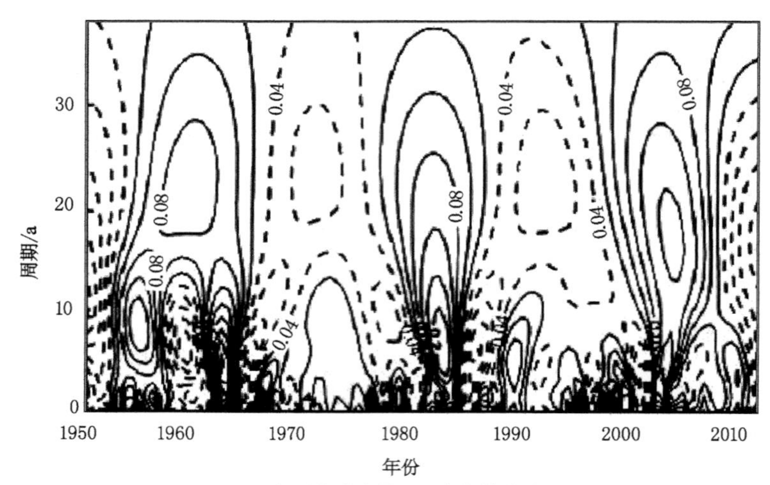

(a) 年平均降水量距平实部等值线图

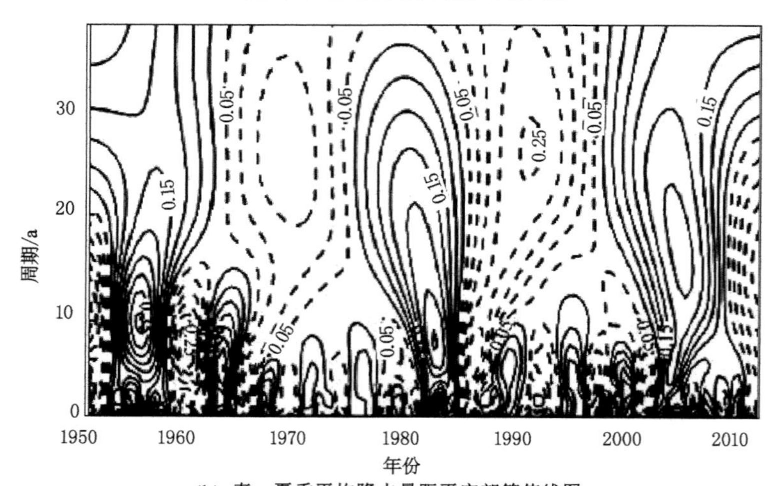

(b) 春、夏季平均降水量距平实部等值线图

图 7-3　流域年和春、夏季节降水量距平实部小波方差图

根据小波方差检验的结果，确定了乌鲁木齐河流域在年、春和夏季的平均降水量过程线。在 1951 年以来的年平均降水量具有平均周期性和高、低变化的特点。在 6 a 时间尺度上，约有 10 个高-低的过渡期。20 a 时间尺度上有 3 个高-低的变化期。春季和夏季平均降水量系列在 9 a 时间尺度上，经历了 6 个

高-低的过渡期；在 22 a 的时间尺度上，有 2 个高-低的变化期；而在 2009—2020 年处于相对的低水位时期。

7.3 蒸散量变化情景下出山径流变化

在计算潜在蒸散量的常用方法中，Penman-Monteith 公式可适用于不同气候类型的 ET_0 估算，这是因为其依靠的是能量平衡和空气动力学原理，分析气温、日照时数、相对湿度和风速对蒸散量的影响[14-15]，并且被广泛应用于水文气象研究领域中，其计算方法[16-17]：

$$ET_0 = \frac{1}{\lambda}\left[\frac{\Delta(R_n - G) + \rho_a c_p (e_s - e_a)/r_a}{\Delta + \gamma(1 + r_s/r_a)}\right] \tag{7-6}$$

式中 Δ——饱和水汽压曲线斜率，kPa/℃；

R_n——净辐射，MJ/(m^2 · d)；

G——土壤热通量，MJ/(m^2 · d)；

ρ_a——空气密度，kg/ m^3；

c_p——定压比；

e_s——饱和水汽压，kPa；

e_a——实际水汽压，kPa；

r_a——空气动力学阻抗，s/m；

γ——干湿计常数，kPa/℃；

r_s——气孔阻抗，s/m；

λ——汽化潜热，2.45 MJ/kg。

净辐射 R_n 是太阳短波辐射与地面长波辐射之和，其中太阳辐射可由下式估算[18]：

$$R_s = (a_s + b_s \frac{n}{N})R_a \tag{7-7}$$

式中 R_s——太阳辐射，W/m^2；

R_a——大气顶层的太阳辐射，W/m^2；

a_s、b_s——参数，a_s=0.25，b_s=0.5。

由表 7-4 可知，乌鲁木齐河流域地形复杂，气候条件和生态类型多样，年和四季蒸散量的空间分布差异较大(图 7-4)。从年平均蒸散量来看，位于乌鲁木齐河喷泉西部大海沟中最小气象站的 ET_0 只有 673.8 mm/a，次高山带及河流中上游的后峡站为 773.1 mm/a，中山带的小渠子站为 822.4 mm/a，乌鲁木齐站的山前冲积平原和河流中下游可以达到 1 127.39 mm/a，下游人工绿洲地区米泉站高达 1 139.6 mm/a。最大与最小值之差为 465.8 mm/a，极值比为 1.69。

表 7-4　乌鲁木齐河流域气象站点位置及主要气候因子的年平均值

站点名称	纬度	经度	年平均气温/℃	降水量/mm	年平均相对湿度/%	年日照时数/h	年平均风速/(m/s)
大西沟	86°50′	43°06′	−5.2	453.4	56	2 462	3.0
后峡	87°07′	43°17′	1.5	444.8	58	2 391.8	1.6
小渠子	87°06′	43°29′	2.3	541.5	61	2 369.1	2.3
乌鲁木齐	87°39′	43°47′	7.0	271.4	58	2 569.2	2.4
米泉	87°39′	43°58′	7.8	238.2	60	2 830	2.0

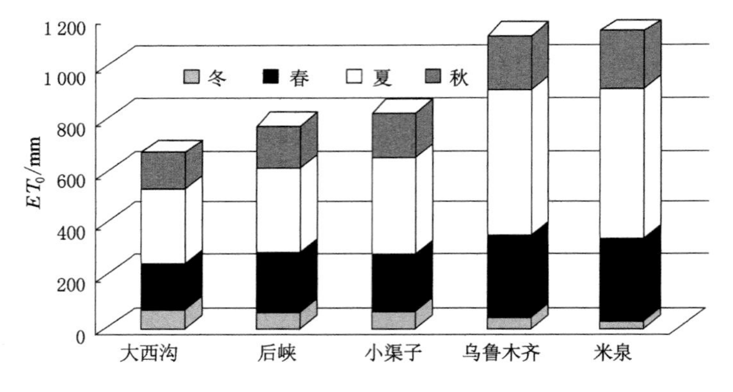

图 7-4　乌鲁木齐河流域各站点年际和季节蒸散量

在季节性蒸散量的空间分布中，大西沟、后峡、小渠子、乌鲁木齐和米泉站的冬季（12 月至翌年 2 月）蒸散量分别仅为 60.3 mm、64.6 mm、62.6 mm、40.1 mm 和33.0 mm，年蒸散量相对较小，分别为 9%、8.4%、7.6%、3.6%和 2.9%。春季（3—5 月）蒸散量呈现上升趋势，分别达到 185.7 mm、222.1 mm、216.2 mm、304.8 mm 和 305.6 mm，年蒸发总量下降了约 21.0%。

如图 7-5 所示，每年的季节分布是典型的抛物线，7 月至夏季中期达到高峰，1 月降到最低。ET_0在其他月份持续上升，而 3—5 月增幅最快。7—12 月 ET_0持续下降，而 8—11 月降幅最快。同时发现，冬季半年（10 月至翌年 3 月）各站点的 ET_0值差异不大，而夏季半年（4—9 月）差异明显。

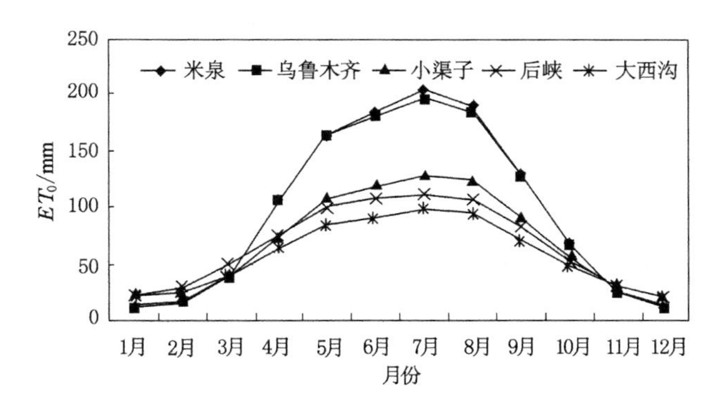

图 7-5　乌鲁木齐河流域各站点蒸散量逐月变化

图 7-6 所示为乌鲁木齐河流域 1971—2000 年各站点蒸散量年变化(后峡站为 1978—2002 年,下同)。由图 7-6 可见,受气候条件和地理环境影响的各站点蒸散量差异较大,但年内变化趋势基本相似。近 30 年各站点蒸散量的线性趋势分析表明,ET_0呈现下降趋势,降幅为$-0.05\sim-5.21$ mm/a,平均为-2.63 mm/a。

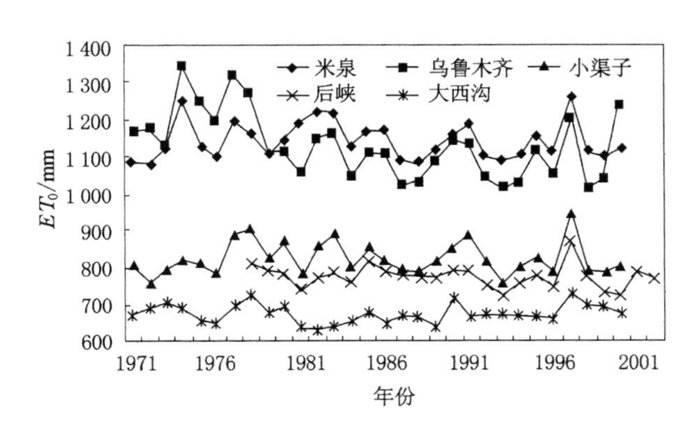

图 7-6　乌鲁木齐河流域各站点蒸散量逐年变化

冬、春季米泉和小渠子站的 ET_0 分别以 $0.03\sim0.25$ mm/a 和 $0.11\sim0.48$ mm/a 的速度略有增加,乌鲁木齐、后峡和大西沟等地区的 ET_0 速率分别为$-0.03\sim1.02$ mm/a。夏季各站点的 ET_0 呈现下降趋势,降幅为$-0.08\sim1.13$ mm/a。秋季时,除小渠子和大西沟站以 $0.03\sim0.10$ mm/a 的速度略有增加外,其余站点以$-0.10\sim1.03$ mm/a 的速度呈现下降趋势。

近 30 年来,除乌鲁木齐和小渠子站夏季气温以及大西沟站春季气温外,其他季节和年均气温均呈现上升趋势,年平均气温上升趋势率为 0.302 ℃/10 a。

除米泉站的冬、春、秋季和全年以及乌鲁木齐站的冬、春季平均空气湿度略有下降外，流域内其他站点的季节和全年空气湿度均呈现上升趋势，年平均相对湿度上升速率为 0.871/10 a。

7.4 出山径流变化最佳情景模式设计

EasyDHM 模型是由中国水利水电科学研究院水资源研究所开发的一个水文模型[19]。它不仅提供了不同区域的生产流程机制，而且提供了各种蒸散量、产汇流和地下水的算法[20]。本书根据 1990—2009 年水文气象信息所提供的土地利用和土壤类型的数据，制定了适合于乌鲁木齐河流域的分布式 EasyDHM 模型，进而模拟了乌鲁木齐河流域的径流量[21]。

7.4.1 EasyDHM 模型

EasyDHM 模型是一种新的自行开发的算法，它将各种成熟的水文模型的优点结合起来，为了提高模型在寒冷地区和复杂地形中的适用性，径流生成模块还可以模拟融雪和冻土的水文过程[20]。

为了提高运算速度，该模型简化了求解圣维南方程的计算方法。同时，对于分布式水文模型参数标定和大流域低运行速度的应用，提出了“参数划分”和“计算划分”的方案，加快了参数优化的速度和效率[21]。

EasyDHM 模型采用自主开发的径流生成算法，总体思路是将植被冠层、表层、土层和地下水含水层垂直划分，以扩展模型的通用性。

7.4.1.1 植被冠层过程模拟

植被的损失发生在降水开始，然后逐渐减少。根据 EasyDHM 模型，当植被的固碳能力达到最大值时，截获率开始下降。

如果总降水量在一定时间内超过林冠截留能力，则在所有林冠截留能力都被降水补充后，剩余降水量将继续下降。否则，认为所有降水都被雨棚拦截，剩余的雨棚拦截将从后续降水中去除。公式如下：

$$I_i(t)=\begin{cases}I_{i,0}-SI_i(t-1) & [P_i(t)>I_{i,0}-SI_i(t-1)]\\ P_i(t) & [P_i(t)\leqslant I_{i,0}-SI_i(t-1)]\end{cases} \tag{7-8}$$

式中 $I_i(t)$——t 时段内 i 单元的植被冠层截留损失，mm；

$I_{i,0}$——单元截留蓄水能力，mm；

$SI_i(t-1)$——$t-1$ 时间段单元的截留蓄水量，mm；

$P_i(t)$——单元降水量，mm。

7.4.1.2　地表过程模拟

由于研究区的径流量属于高海拔山区，因此选择了 ISYDHM 经修改的系数方法来模拟表面过程，这一校正系数方法是基于高渗透性的概念而设计。公式如下：

$$\begin{cases} PE_i(t) = C_i[P_i(t) - I_i(t)]\left[\dfrac{\theta_i(t)}{\theta_{s,i}}\right]^a \\ F_i(t) = P_i(t) - I_i(t) - PE_i(t) \end{cases} \tag{7-9}$$

式中　$PE_i(t)$——一定时间间隔中 i 网格上超渗降水量，mm；

$P_i(t)$——t 时段的降水量，mm；

$I_i(t)$——植被冠层截留损失，mm；

$\theta_i(t)$——网格内 t 时间的土壤含水量，m^3/m^3；

$\theta_{s,i}$——土壤孔隙度，即饱和含水量；

a——与降水强度有关的指数；

C_i——为网格的潜在降水超渗系数或潜在径流系数；

$F_i(t)$——单元网格的入渗量，mm。

7.4.1.3　土壤水过程模拟

EasyDHM 模型通过分层模拟土壤水分过程，使得每个计算单元都是垂直分层的，对于任何单位的第 i 层土壤，每日可下渗的水量 $SW_{0,i}$ 为：

$$\begin{cases} SW_{0,i} = \theta_i - \theta_{fc,i} & (\theta_i > \theta_{fc,i}) \\ SW_{0,i} = 0 & (\theta_i \leqslant \theta_{fc,i}) \end{cases} \tag{7-10}$$

式中　θ_i——第 i 层土壤的水含量；

$\theta_{fc,i}$——第 i 层土壤田间持水率。

土地受冻是当土层第 i 层土壤的温度不及某一临界温度时形成的，此时土壤被认为是冻结的，该层的水被认为是透水的，但并非所有不可渗透的水都能进入下一层土壤。第 i 层土壤的实际渗透量 $W_{p,i}$ 为：

$$W_{p,i} = SW_{0,i}\left\{1 - \exp\left(\frac{-\Delta t}{TT_i}\right)\right\} \tag{7-11}$$

式中　Δt——计算时间步长；

TT_i——下渗持续时间，其计算式为：

$$TT_i = \frac{\theta_i - \theta_{fc,i}}{K_i} \tag{7-12}$$

其中　$\theta_{s,i}$——第 i 层土壤饱和含水率；

K_i——第 i 层土壤的渗透系数。

当土壤层更加密实且有特定的梯度时，水会横向流到土壤中。否则，上层土壤中的水会横向流动并向上迁移，直到地表径流显现出来。

土壤水侧流（$Q_{lat,i}$）计算公式如下：

$$Q_{lat,i} = 24H_{0,i}\nu_{lat,i} \tag{7-13}$$

$$\nu_{lat,i} = K_i \sin \alpha_i \tag{7-14}$$

$$H_{0,i} = \frac{2SW_{0,i}}{1\ 000\varphi_{d,i}L_i} \tag{7-15}$$

式中 $H_{0,i}$——土壤层等效水头，mm；

$\varphi_{d,i}$——土壤层的排水孔隙度，即土壤层孔隙度 $\theta_{s,i}$ 与田间持水量 $\theta_{fc,i}$ 的差值；

L_i——土壤层横向等效长度，m。

在计算土壤水分蒸发时，必须区分不同的深度，土壤深度的划分决定了土壤最大允许蒸散量。公式如下：

$$E_{lat,t} = E_s \frac{z}{z + \exp(2.347 - 0.007\ 13z)} \tag{7-16}$$

式中 $E_{soil,z}$——z 深度处蒸发需要的水量，mm；

z——地表以下土壤层中心的深度，mm；

E_s——最大可能土壤水分蒸散量，mm。

7.4.1.4 地下水径流过程模拟

当对河流的河床不太了解时，需要模拟一个小流域的地下水过程，可用线性或非线性水库的概念，即整个地下含水层被视为地下水库。

地下水排泄量与地下水储量或其功率呈线性关系，地下水出流公式如下：

$$QG_i(t) = c_g \left[\frac{SG_i(t)}{1\ 000} \right]^m \tag{7-17}$$

式中 $QG_i(t)$——计算单元 i 出口的平均地下水出流，m^3/s；

$SG_i(t)$——t 时刻的计算单元 i 地下水储水量，mm；

m——指数，$m=1$ 是线性水库，$m=2$ 是非线性水库；

c_g——考虑计算单元面积后的地下水回归系数。

7.4.1.5 积雪和融雪过程模拟

流域水循环组成的关键部分有积雪和融雪两个重要环节，要确定降水是液态雨还是固态雪[22]，可通过 EasyDHM 模型采用一种临界气温的方法来确定。融雪模型使用 SWAT 的雪模块，即经修改的融雪指数。运用经过修正的融雪指数法对融雪过程进行计算的过程如下。

(1) 积雪模块

降水量有降雨和降雪之分，但气象台站提供的总降水量是两者之和，并没有把两者区分开来。在 EasyDHM 模型中，要确定是否有降雪或者降雨来临，可比较日平均气温与临界气温的关系。当日平均气温高于临界气温时，即为降雨；反之，则为降雪。

$$\begin{cases} P_{\text{snow}} = P & (T_{\text{avg}} \leqslant T_{\text{s-r}}) \\ P_{\text{snow}} = 0 & (T_{\text{avg}} > T_{\text{s-r}}) \end{cases} \tag{7-18}$$

式中　P_{snow}——日降雪量，mm；

P——日降水量，mm；

T_{avg}——日平均气温，℃；

$T_{\text{s-r}}$——雨-雪临界气温，℃。

(2) 融雪模块

与积雪不同，融雪变化过程是很复杂的，只有当雪的温度超过某一固定值，并随着雨水侵蚀而上升时，才会产生融雪水。融雪模块可以直接模拟降雨时的径流。

实际上，融雪量不仅与当时积雪面积和气温有关，而且与许多其他因素也有关。如不同季节的相同气温，融雪量也不相同。修正后的融雪指数规则为融雪模拟增加了数据修正，并在最终融雪量中修正了积雪覆盖度。

将修正后的融雪指数按日序数和一年内最大、最小融雪指数进行计算，公式如下：

$$b_{\text{mlt}} = \frac{b_{\text{mlt6}} + b_{\text{mlt12}}}{2} + \frac{b_{\text{mlt6}} - b_{\text{mlt12}}}{2} \sin\left[\frac{2\pi}{365}(d_{\text{n}} - 81)\right] \tag{7-19}$$

式中　b_{mlt}——某一日的融雪指数；

b_{mlt6}——6月21日测得的融雪指数，即年内最大融雪指数，mm/(℃·d)；

b_{mlt12}——12月21日的融雪指数，即为年内最小融雪指数，mm/(℃·d)；

d_{n}——日序数。

7.4.2　汇流模拟

汇流模拟采用马斯京根法进行模拟验算[23]。该方法模拟了沿渠道长度槽柱蓄和楔蓄组成的蓄水容量(图7-7)。

马斯京根蓄水容量计算公式为：

$$V_{\text{stored}} = Kq_{\text{out}} + KX(q_{\text{in}} - q_{\text{out}}) \tag{7-20}$$

式中　V_{stored}——蓄水容量，m^3；

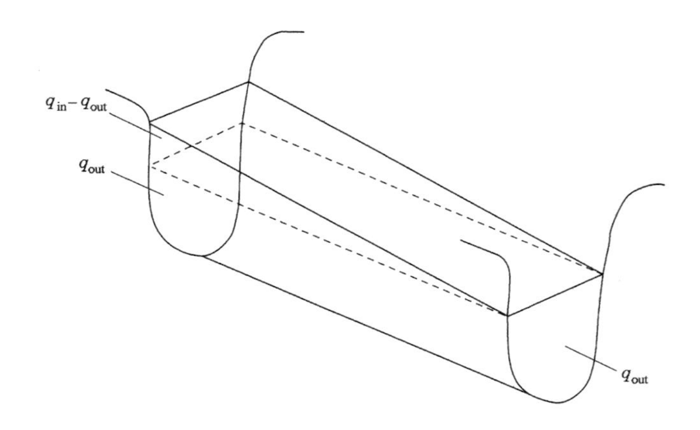

图 7-7　河段槽柱蓄与楔蓄示意图

q_{in}——入流量，m^3/s。

q_{out}——出流量，m^3/s。

K——稳流条件下河段的传播时间，s。

X——不超过 0.5 的流量比重因素。

简化后的蓄水容量公式为：

$$q_{out,2} = C_1 q_{in,2} + C_2 q_{in,1} + C_3 q_{out,1} \tag{7-21}$$

其中

$$C_1 = \frac{\Delta t - 2KX}{2K(1-X)+\Delta t}$$

$$C_2 = \frac{\Delta t + 2KX}{2K(1-X)+\Delta t}$$

$$C_3 = \frac{2K(1-X) - \Delta t}{2K(1-X)+\Delta t}$$

$$C_1 + C_2 + C_3 = 1$$

式中　$q_{in,1}$——时段初的入流量，m^3/s；

$q_{in,2}$——时段末的入流量，m^3/s；

$q_{out,1}$——时段初的出流量，m^3/s；

$q_{out,2}$——时段末的出流量，m^3/s。

7.4.3　气候变化情景下径流最佳模拟研究

EasyDHM 模型的仿真实验结果表明，在乌鲁木齐河流域的适用性较强，并对流域水文循环的特点进行了更好的量化。1951—2009 年，乌鲁木齐河流域降水量和气温的变化表明，降水量在 20 世纪 80 年代中期急剧变化，而气温在 1993 年出现剧烈变化；90 年代以来，降水量显著增加，变化趋势十分明显，气温变化也显著上升。

（1）气候变化情景构建方法

在许多区域性气候变化研究中，利用冰雪盆地的水文模型和未来气候变暖情景模拟了未来冰雪覆盖盆地的水文状况[24]。气候变化对水文和水资源系统的影响可通过以下步骤进行评估：① 假设气温和降水量的变化；② 径流量的变化过程也可以通过气温和降水量变化而推出，如图 7-8 所示。

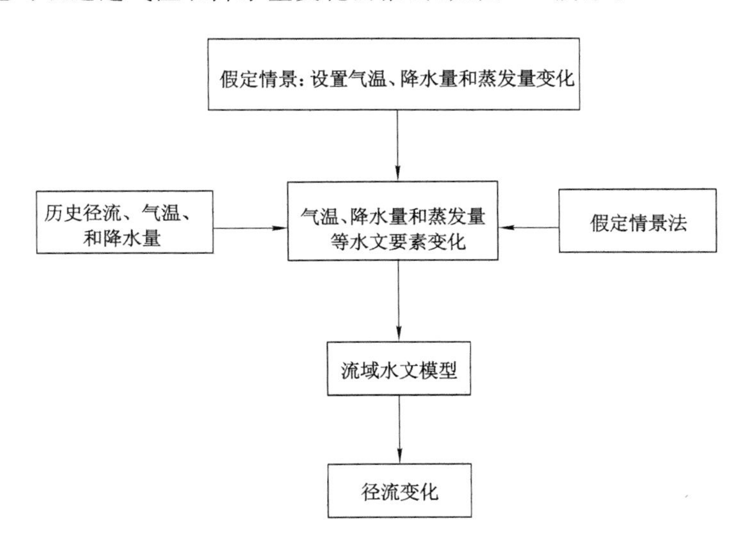

图 7-8　气候变化的径流响应模式设计方法

（2）气候变化情景模式设计

通过研究流域气温和降水量的变化来预测未来的径流趋势。目前，气候假设主要有两种方式：① 假设气候情景法，既简单，操作性又强，即假定气温和降水量的变化是未来的气候变化的两个主要方式，可以减少模型的不确定性，特别是在气候和复杂地形条件下的高山和盆地[25]；② 气候模型法，即未来可能的气候变化假设情景，主要利用全球气候观测系统模拟的结果进行预测，水文模型用于确定所研究地区的水文状况。

（3）用于确定研究区域的水文条件

根据 IPCC 第四次评估报告，到 21 世纪末，全球平均气温将上升 1.1～

6.4 ℃，而降水量变化趋势将因地域而异。为了反映气候变化对径流的影响，本书根据气候假设情景法，提出了三种气候情景(见表 7-5)。

表 7-5　气候情景设置

气候情景	气温 T/℃	降水量 P/mm
一	$T+2$	不变
二	不变	$P(1+10\%)$
三	$T+2$	$P(1+10\%)$

(4) 最佳气候情景下的径流变化

径流对气候变化的响应计算式如下：

$$\eta_{\Delta T,\Delta P}=\frac{W_{T+\Delta T,P+\Delta P}-W_{T,P}}{W_{T,P}}\times 100\% \tag{7-22}$$

式中　$W_{T,P}$——现状径流量，m^3/s；

$W_{T+\Delta T,P+\Delta P}$——气温改变 ΔT 的同时降水改变 ΔP 情景下的径流量，m^3/s；

$\eta_{\Delta T,\Delta P}$——径流量在气温改变的 ΔT 同时降水改变 ΔP 情景下的状况。

在同一气候变化背景下，响应度越大，水文因素就越敏感；反之，响应度越小，表明水文因素越不敏感[8]。

根据水文要素敏感性的定义，利用上述 EasyDHM 模型，计算了乌鲁木齐河流域不同气候变化情景下的径流响应。径流在不同情景下的变化情况见表 7-6。图7-9～图 7-12 显示了假设气温和降水量变化下径流变化的过程和比较。

表 7-6　不同情景下径流年际变化　　单位：m^3/s

年份	现状	气温变化	降水量变化	气温、降水同时变化	变化率/%		
		$T+2$ ℃	$P(1+10\%)$	$T+2$ ℃且 $P(1+10\%)$	T+2 ℃	$P(1+10\%)$	$T+2$ ℃且 $P(1+10\%)$
1990	3 116.5	3 317.2	3 244.2	3 408.5	6.4	4.1	9.4
1991	2 793.4	2 994.1	2 821.1	3 085.4	7.2	1.0	10.5
1992	3 198.2	3 399.5	3 326.3	3 491.0	6.3	4.0	9.2
1993	3 487.0	3 887.7	3 714.7	3 779.0	11.5	6.5	8.4
1994	3 173.4	3 474.2	3 191.2	3 465.4	9.5	0.6	9.2
1995	2 943.7	3 144.4	3 071.4	3 235.7	6.8	4.3	9.9
1996	3 672.0	4 073.3	3 800.1	3 964.8	10.9	3.5	8.0

表 7-6(续)

年份	现状	气温变化	降水量变化	气温、降水同时变化	变化率/%		
		$T+2$ ℃	$P(1+10\%)$	$T+2$ ℃且 $P(1+10\%)$	$T+2$ ℃	$P(1+10\%)$	$T+2$ ℃且 $P(1+10\%)$
1997	2 795.2	3 195.9	2 922.9	3 087.2	14.3	4.6	10.4
1998	2 835.6	3 036.4	2 963.4	3 127.6	7.1	4.5	10.3
1999	2 936.5	3 137.3	3 064.3	3 228.5	6.8	4.4	9.9
2000	3 554.6	3 955.9	3 682.7	3 847.4	11.3	3.6	8.2
2001	2 325.0	2 525.7	2 452.7	2 617.0	8.6	5.5	12.6
2002	2 860.2	3 061.0	2 988.0	3 152.2	7.0	4.5	10.2
2003	2 707.8	2 908.6	2 835.6	2 999.8	7.4	4.7	10.8
2004	2 409.2	2 610.5	2 537.3	2 702.0	8.4	5.3	12.2
2005	2 880.0	3 180.8	3 007.8	3 172.0	10.4	4.4	10.1
2006	2 249.2	2 550.0	2 377.0	2 541.2	13.4	5.7	13.0
2007	3 111.1	3 311.9	3 238.9	3 403.1	6.5	4.1	9.4
2008	2 676.8	2 878.1	2 804.9	2 969.6	7.5	4.8	10.9
2009	3 198.7	3 399.5	3 326.5	3 490.7	6.3	4.0	9.1
平均	2 946.2	3 202.1	3 068.5	3 238.4	8.7	4.2	10.1

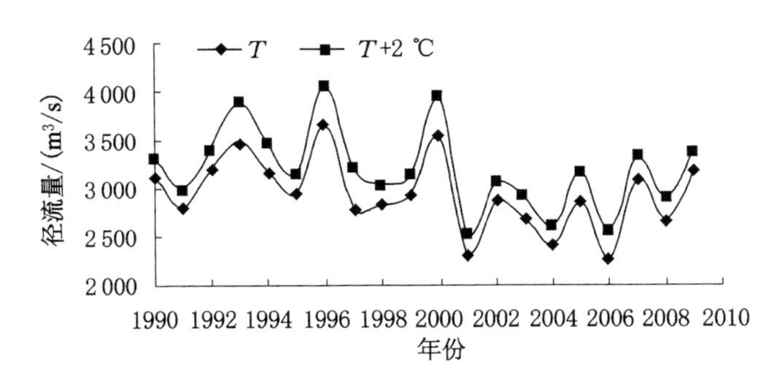

图 7-9　气温变化情景下的径流过程

综上可以看出，乌鲁木齐河流域的气温、降水量和径流量有以下规律：

① 流域径流量随气温和降水量的变化而变化，气候变化是影响乌鲁木齐河流域径流量的重要因素。

② 气温对径流量的影响大于降水量。当降水量比原来增加 10%时，径流

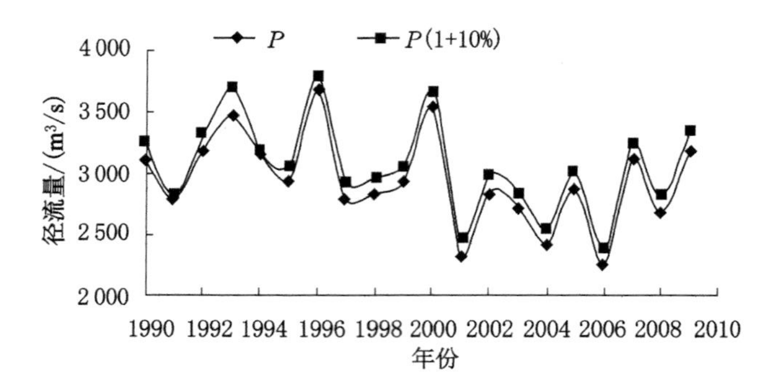

图 7-10　降水量变化情景的下径流过程

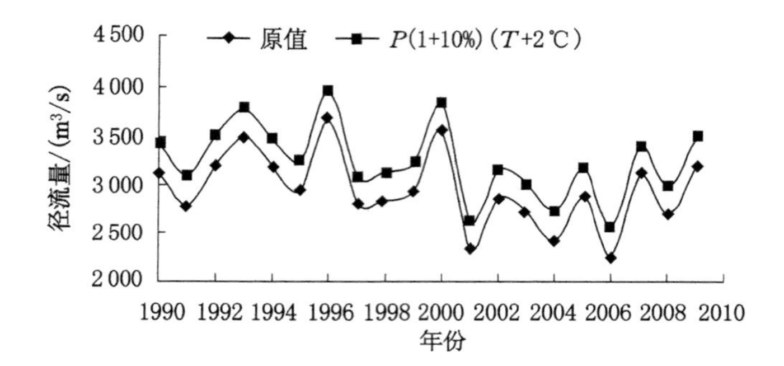

图 7-11　气温和降水量同时变化情景下的径流过程

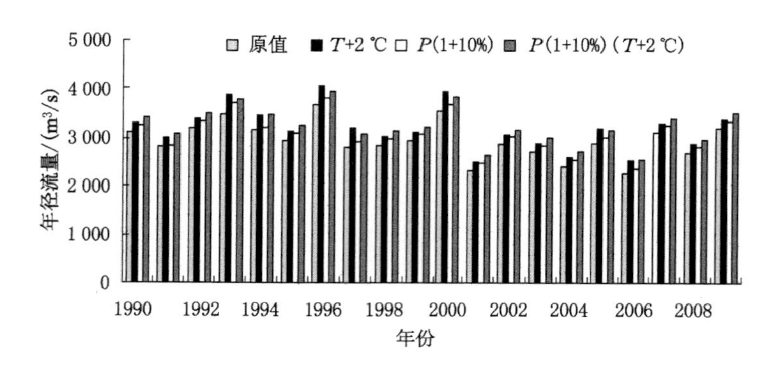

图 7-12　气温和降水量变化后各年份径流量过程对比

量变化率增加 4.2%。降水量保持不变，气温升高 2 ℃时，径流量变化率增加 8.7%。气温（$T+2$ ℃）和降水量[$P(1+10\%)$]时，径流量变化率是平均径流量变化率的 2 倍以上。

乌鲁木齐河流域径流量在不同情景下的年变化见表 7-7。假设气温和降水量变化下年径流量的分布如图 7-13 所示。

表 7-7　不同情景下径流年内变化　　单位：m^3/s

月份	现状	气温变化	降水量变化	气温降水同时变化	变化率/%		
		$T+2$ ℃	$P(1+10\%)$	$T+2$ ℃且 $P(1+10\%)$	$T+2$ ℃	$P(1+10\%)$	$T+2$ ℃且 $P(1+10\%)$
1	46.11	46.66	46.46	46.91	1.2	0.8	1.7
2	36.13	36.68	36.48	36.93	1.5	1.0	2.2
3	43.26	43.81	43.61	44.06	1.3	0.8	1.8
4	62.99	68.54	63.34	71.79	8.8	0.6	14.0
5	196.26	216.81	206.61	217.06	10.5	5.3	10.6
6	558.53	649.08	618.88	689.33	16.2	10.8	23.4
7	839.06	994.61	939.41	1 039.86	18.5	12.0	23.9
8	613.62	689.17	673.97	754.42	12.3	9.8	22.9
9	257.60	273.15	267.95	288.40	6.0	4.0	12.0
10	122.83	138.38	133.18	138.63	12.7	8.4	12.9
11	76.51	82.06	79.86	85.31	7.3	4.4	11.5
12	61.99	67.54	65.34	68.79	9.0	5.4	11.0

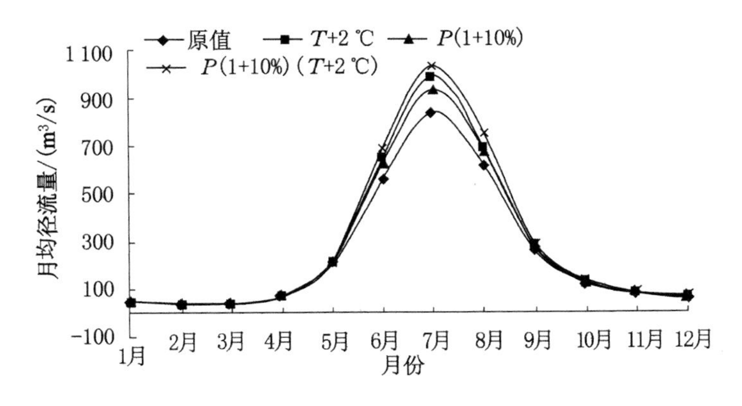

图 7-13　不同情景下径流量的年内分配

从表7-7和图7-13可以看出，随着降水量保持不变，气温上升2℃时，尽管变化很大，但月径流量在一定程度上是增加的。春季的月径流量增加，但在7月的变化率达到18.5%的高峰，8月略有增加。

1月径流量增加率仅为1.2%，径流量和气温呈现上升趋势。这种成正比的径流量增加很可能是气温上升和冰川融化造成的。与此同时，气温上升增加了蒸散量，减少了径流量。

当气温不变、降水量比原来增加10.0%时，月径流量随降水量的增加而增加，但月径流量变化率是不同的。冬季径流量是最低的，6月、7月和8月的径流量受降水量的影响最大。7月径流量的变化率最高，为12.0%，8月则呈现下降趋势。其变化之间有一个积极的阶段，这种现象与冬季低温有关。

当降水量增加10.0%和气温升高2.0℃时，月径流量的增加是不同的。春季和夏季平均径流量变化率最大，秋季开始逐渐下降，冬季最小。

参考文献

[1] JOHNS T C,GREGORY J M,INGRAM W J,et al. Anthropogenic climate change for 1860 to 2100 simulated with the HadCM3 model under updated emissions scenarios[J]. Climate dynamics,2003,20(6):583-612.

[2] QIN J,DING Y J,YANG G J. The hydrological linkage of mountains and plains in the arid region of northwest China[J]. Chinese science bulletin, 2013(25):3140-3147.

[3] 秦大河,STOCKER T. IPCC第五次评估报告第一工作组报告的亮点结论[J]. 气候变化研究进展,2014,10(1):1-6.

[4] 怀保娟,李忠勤,孙美平,等. SRM融雪径流模型在乌鲁木齐河源区的应用研究[J]. 干旱区地理,2013,36(1):41-48.

[5] 刘燕,刘友存,焦克勤,等. 1990年以来天山乌鲁木齐河上游水资源研究进展[J]. 冰川冻土,2019,41(4):958-967.

[6] 焦克勤,井哲帆,韩添丁,等. 42 a来天山乌鲁木齐河源1号冰川变化及趋势预测[J]. 冰川冻土,2004,26(3):253-260.

[7] 刘友存,侯兰功,焦克勤,等. 全球气候指数与天山地区气温变化遥相关分析[J]. 山地学报,2016,34(6):679-688.

[8] 金爽. 中国天山乌鲁木齐河流域气候变化和径流特征研究[D]. 兰州:西北师范大学,2010.

[9] LIU Y C,ZHAO K,LIU Y,et al. Analysis of the impact of precipitation and temperature on the streamflow of the ürümqi River,Tianshan Mountain,China[J]. IOP conference series: earth and environmental science, 2018,191(1):137-145.

[10] SCHNORBUS M, WERNER A, BENNETT K. Impacts of climate changein three hydrologic regimes in British Columbia, Canada[J]. Hydrological processes,2014,28(3):1170-1189.

[11] 刘光琇,安黎哲,陈桂琛,等.乌鲁木齐河上游植被与环境关系研究[M].兰州:兰州大学出版社,2004.

[12] 丁婧祎,赵文武,王军,等.降水和植被变化对径流影响的尺度效应:以陕北黄土丘陵沟壑区为例[J].地理科学进展,2015,34(8):1039-1051.

[13] 张晓龙,韩颖,黄领梅,等.降水变化及人类活动对金钱河流域径流的影响[J].水资源与水工程学报,2015,26(4):57-61.

[14] AWAL R,HABIBI H,FARES A,et al. Estimating reference crop evapotranspiration under limited climate data in West Texas[J]. Journal of hydrology:regional studies,2020(28):1-7.

[15] KOFFI D,MICHAEL O,LAMINE D,et al. Evaluation of the Penman-Monteith and other 34 reference evapotranspiration equations under limited data in a semiarid dry climate[J]. Theoretical and applied climatology,2019,137(1-2):729-743.

[16] 樊湘鹏,许燕,周建平.参照作物蒸散量计算模型在新疆干旱地区适用性研究[J].江苏农业科学,2019,47(20):273-280.

[17] 汤寅飞.基于月值气象数据和 Penman-Monteith 公式的流域蒸散发量计算[J].陕西水利,2019(4):50-52.

[18] 夏兴生,朱秀芳,潘耀忠,等.中国大陆地区基于太阳辐射经验值计算 ET0 的适用性研究[J].干旱地区农业研究,2019,37(6):221-230.

[19] 雷晓辉,蒋云钟,王浩,等.分布式水文模型 EasyDHM(Ⅱ):应用实例[J].水利学报,2010,41(8):893-899,907.

[20] 焦伟杰,龙海峰.基于自回归模型的分布式水文模型预报校正[J].水资源与水工程学报,2015,26(2):103-108.

[21] 赵杰,徐长春,高沈瞳,等.基于 SWAT 模型的乌鲁木齐河流域径流模拟[J].干旱区地理,2015,38(4):666-674.

[22] LóPEZMORENO J I,POMEROY J W,REVUELTO J,et al. Response of

snow processes to climate change: spatial variability in a small basin in the Spanish Pyrenees [J]. Hydrological processes, 2013, 27 (18): 2637-2650.

[23] KSHIRSAGAR M M, RAJAGOPALAN B, LAL U. Optimal parameter estimation for Muskingum routing with ungauged lateral inflow [J]. Journal of hydrology, 1995, 169(1): 25-35.

[24] 姜亮亮,焦键,刘江,等. 玛纳斯河径流对气候变化的响应研究[J]. 新疆环境保护,2015,37(4):13-19.

[25] LUO Y, ARNOLD J G, LIU S, et al. Inclusion of glacier processes for distributed hydrological modeling at basin scale with application to a watershed in Tianshan Mountains, northwest China[J]. Journal of hydrology, 2013, 477: 72-85.

第 8 章 研究总结和展望

8.1 研究总结

河流是气候的产物，通过降水量和蒸散量影响径流量形成过程。气候不仅直接决定河流的形成，而且控制着其地理分布。河流的水位和速度变化以及冻结和解冻过程均受气候变化的支配，气候反过来又调节河流形成地表的各种地形地貌。乌鲁木齐河流域源区地处天山中段北坡，属大陆性山地气候。山区是乌鲁木齐河流域的径流量形成区，与此有关的主要气候要素见表 8-1。乌鲁木齐河流域上游平均海拔高，降水量多于平原；气温低，蒸散量低于平原；坡降较大，径流易于形成。中高山带的降水量以降雪为主，这对径流量的年内分配和年际变化均有影响，而乌鲁木齐河流域的径流量主要来源于降水和冰雪融化。近 30 年来，西北乃至新疆地区气温升高和降水量增加是不争的事实，但降水量增加不能抗衡气温升高对冰川消融的亏损。在全球变暖的背景下，自 1987 年以来，新疆地区尤其是天山山区气候向暖湿转变的信号愈加强烈，年平均气温呈现上升趋势。山前平原地区的年平均气温远高于山区，冬季的平均气温升高非常明显。气候变暖对冰川的影响表现在冰川厚度减薄、末端退缩、物质平衡转负、运动速率降低和冰川带谱简化等。

表 8-1 1985—2006 年乌鲁木齐河山区流域主要气候要素

站名	海拔/m	年均气温/℃	气温年较差/℃	年降水量/mm	降雪百分比/%
大西沟	3 539	−4.87	35.9	452	74.5
总控	3 408	−4.72	46.5	438	
跃进桥	2 336	0.7	48.3	470	34.5
后峡	2 130	0.8	55.1	409	
英雄桥	1 920	1.5	53.2	466	31.3

从表 8-1 可以看出，乌鲁木齐河流域年平均气温在－4.87～1.5 ℃之间，气温年较差在 35.0 ℃以上。随着海拔的增加，年平均气温下降，而年变化幅度减小，年平均气温下降 0.4 ℃/100 m。但随着海拔的升高，冬季气温由低变高再变低，说明中山带地区存在逆温层现象。1984—2006 年，年平均气温略有波动，呈明显上升趋势，年平均气温上升约 1 ℃（图 8-1）。乌鲁木齐河流域中山带地区的气温年变化和阿尔卑斯山的气温年变化趋势非常相似。

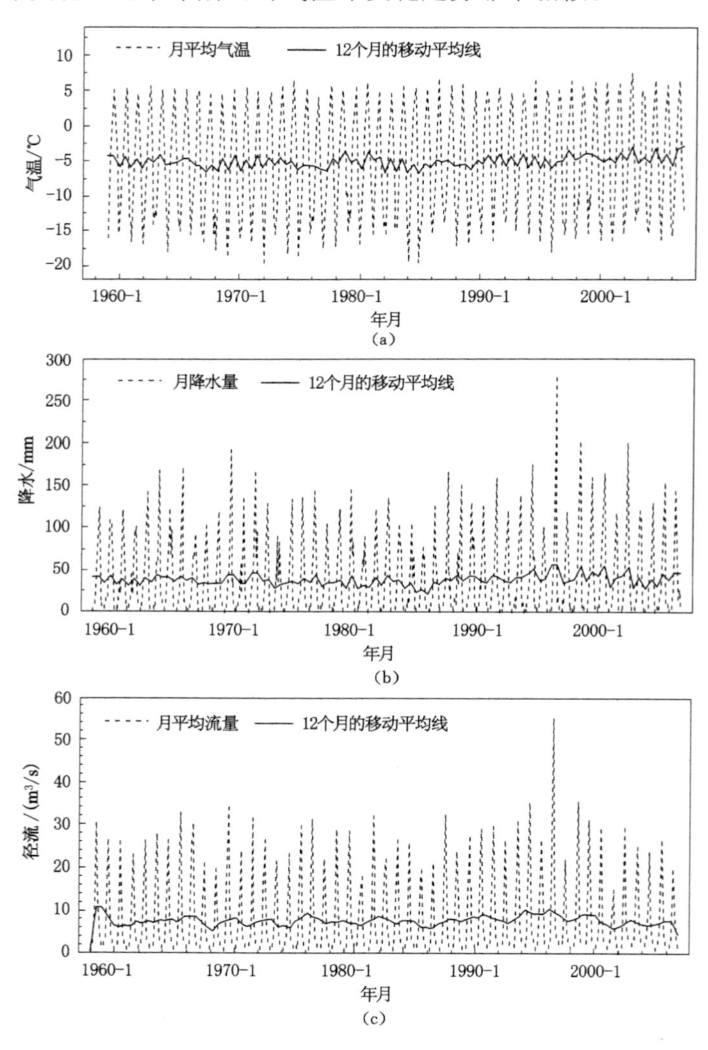

图 8-1　1958—2006 年乌鲁木齐河流域上游月平均气温、降水量和径流量变化

乌鲁木齐河流域降水量随海拔的增加而增加，西部山区的变化大于东部山区，谷地小于山坡。根据 1985—2006 年的资料，下游盆地年平均降水量为 451.2 mm，随海拔的升高呈双峰型变化。前峡的降水量最大，海拔 1 900 m 处为 466.0 mm（1985—2006 年英雄桥站），高山区为 452.0 mm（1985—2006 年大西沟站），后峡盆地为 409.0 mm（1986—2006 年中科院天山冰川站）。山区以上降水量增长率为 3.1 mm/100 m，夏季降水量占全年降水量的 61.8%，冬季仅占 4.1%，年内分配极不平衡。固体降水量占流域年降水量的比例很大，并随海拔升高而增大。年降水量波动较大，以大西沟站为例，降水量从 1985 年的 300.0 mm 到 1996 年的 632.0 mm 不等，但除低山区（英雄桥站）外，降水量呈现上升趋势。

8.1.1　气候年际变化特征

由表 8-2 可以看出，乌鲁木齐河流域多年平均气温异常年际变化率为 0.23～0.26 ℃/10 a，流域内气温呈显著上升趋势，年际气温升高相对一致。秋季和冬季的气温变异性高于春季和夏季，说明秋季和冬季的气温变异性最大，而绿洲地区的冬季气温上升趋势最为明显。

表 8-2　乌鲁木齐河流域的平均气温距平变化率　单位：℃/10 a

典型区域	春季	夏季	秋季	冬季	全年
沙漠区	0.17	0.12	0.37*	0.39	0.26*
绿洲区	0.09	0.22*	0.26*	0.83*	0.24*
干旱荒漠、半荒漠区	0.09	0.16*	0.34*	0.39*	0.24*
中山区	0.17	0.17*	0.35*	0.35*	0.25*
高山区	0.11	0.24*	0.32*	0.27*	0.23

注："*"表示通过了 0.05 显著性检验。

由表 8-3 可知，乌鲁木齐河流域年平均降水量异常值在 8.55～26.02 mm/10 a 之间，降水量增加明显，整个流域降水量呈现上升趋势。绿洲和高山地区的增长相对较大，沙漠和干旱荒漠、半沙漠地区的增长相对较小。除中山地区年降水量未通过显著性检验外，其他区域的降水量增长趋势明显，且夏季降水量的增加是整个流域最大的。

表 8-3　乌鲁木齐河流域的平均降水量距平变化率　　单位:mm/10 a

典型区域	春季	夏季	秋季	冬季	全年
沙漠区	0.36	4.63	1.77	2.77*	8.87*
绿洲区	5.70	11.62*	2.37	6.18*	26.02*
干旱荒漠、半荒漠区	−0.01	6.97*	1.10	0.56*	8.55*
中山区	4.61	1.09	1.08	3.74*	10.23
高山区	2.19	17.07*	1.35	1.45*	21.84*

注:“*”表示通过了 0.05 显著性检验。

8.1.2　气候突变分析

统计突变表明,乌鲁木齐河流域气温突变最集中的时期是 20 世纪 90 年代末,而降水量则是 20 世纪 90 年代初,结合 M-K 检验和小波分析结果(图 8-2),发现年降水量异常突变发生在 1993 年。乌鲁木齐河流域气候突变研究表明,气温和降水量的年和季节突变年存在明显的时空差异,见表 8-4。以中山区和高山区为例,除春季外,中、高山区其他季节的气温突变至少在 80 年代末开始,而降水量突变且发生在 90 年代初以后,除 60 年代和 70 年代初的秋、冬季节外,其余季节在 20 世纪 90 年代初开始,与中、高山区降水量突变相比,气温突变在 20 世纪 80 年代末便开始了。夏季、秋季和冬季山区的气温差异明显,而降水量的差异是全年最明显的。

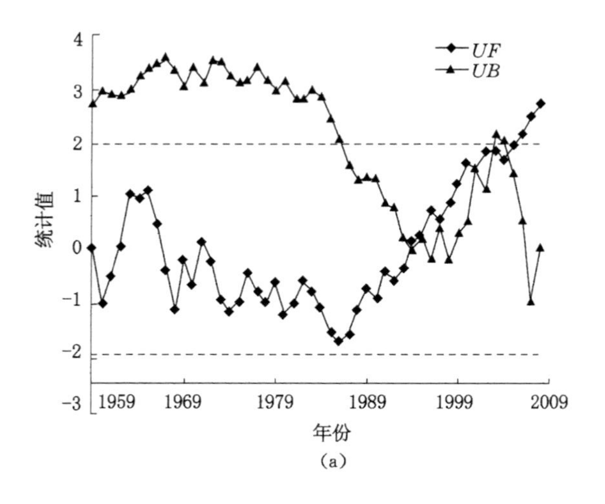

(a)

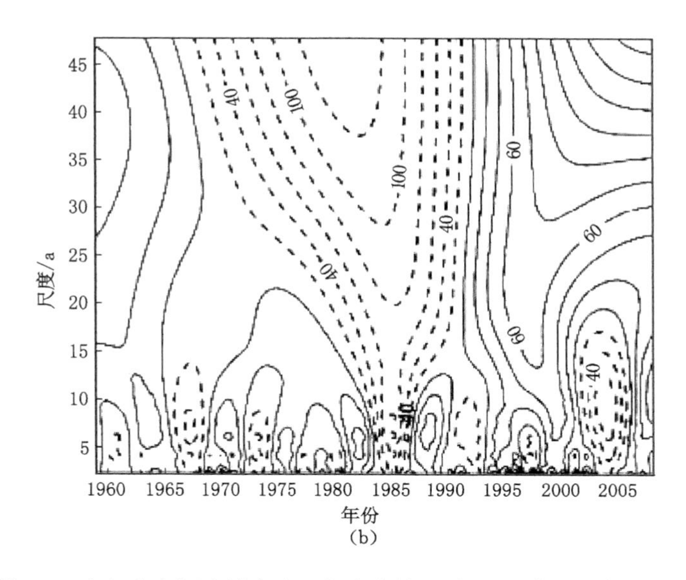

图 8-2　乌鲁木齐河流域高山区年降水量距平 M-K 检验和小波分析

表 8-4　乌鲁木齐河流域气温和降水量突变年份

典型区域	春季		夏季		秋季		冬季		全年	
	气温	降水	气温	降水	气温	降水	气温	降水	气温	降水
沙漠区	2005	1963 1972 1995	1997	—	1996	1980 1994	—	1987	1989	—
绿洲区	—	1986	1977	1985	1963	1977	1978	1987	—	1981
干旱荒漠、半荒漠区	1968	1967	1998	1992	1983	—	1981	1999	—	1991
中山区	—	1988	1966 1998	2003	—	1978	1998	1985	2000	—
高山区	—	1990	1998	1993	1991	1963 2004	1987	1972	1997	1993

8.1.3　乌鲁木齐河流域出山径流变化特征对气候变化的响应

如图 8-3 所示，可以明显地看出年内波动变化是乌鲁木齐河流域出山径流量异常年变化的特征。线性变化率为 7.18 mm/10 a，$\alpha=0.05$ 的显著性检验表明乌鲁木齐河流域的径流量在过去 40 年中总体上是增加的。

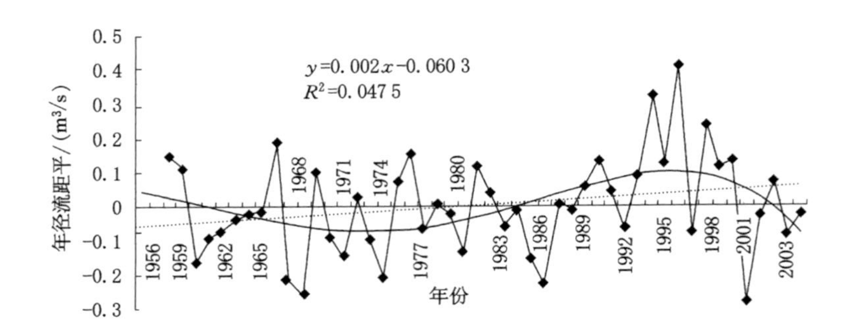

图 8-3　山区降水量与出山径流量的相关关系

如图 8-4 所示，从径流量累积异常过程可以看出，近 40 年来乌鲁木齐河流域的径流量可分为 20 世纪 50 年代中期到 80 年代中期和 70 年代中期到 80 年代中期这两个阶段。前者时间段的径流量多但不及年平均值，且在 50 年代中期到 70 年代中期，径流量呈现下降趋势。1987 年是径流量的一个转折点，由于降水量增加和山区气温明显上升的共同作用，径流量的变化由低到高。从 1987 年到 20 世纪末，多年来的径流量一直高于平均水平，但在 2000 年以后又有所回落。

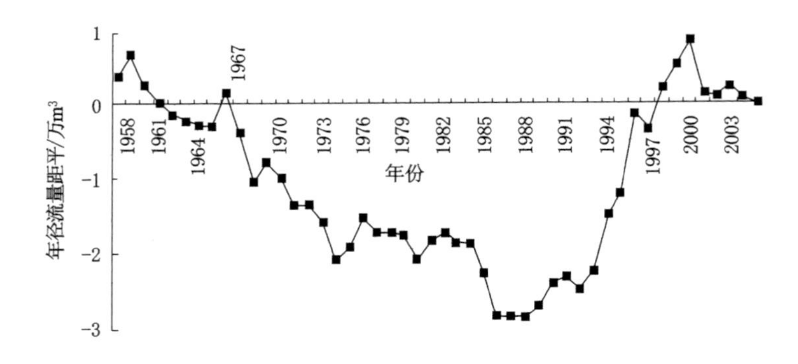

图 8-4　乌鲁木齐河流域山区年降水量与径流量年际变化过程

8.1.3.1　出山径流对气候变化的响应模型

气候变化对水文水资源系统的影响是多方面的，尤其是对蒸散量的影响很复杂，使得对气候变化的预测能力较低。因此，气温和降水量的组合是气候变化情景的主要因素。比较合理且实践性较强的方法是通过模拟近似模型来模拟气候变化对径流量的影响。考虑到水文水资源系统与气候变化的非线性关系，参照其他研究方法，建立了径流深度与降水量和气温的幂函数乘法非线性回归模型来描述乌鲁木齐河流域山区流域径流深 R(mm)与山区降水量 P(mm)之间的关系，即：

$$R(P,T) = e^k P^\alpha T^\beta \tag{8-1}$$

式中 e——便于方程拟合而设置的系数；

k、α、β——回归系数。

将乌鲁木齐河流域山区气温、降水量和径流量设为 k、α、β，利用统计软件对该流域过去 40 年的气温、降水量和径流量数据进行分析与统计，可得到该流域不同区域的径流深度受气候变化的影响模型如下：

$$R = e^{1.3515} P^{0.68733} T^{0.036254} \tag{8-2}$$

采用式(8-2)和气候变化情景，可得到径流深度对气候变化的响应结果[ΔW(%)、ΔP(%)和 ΔT(℃)]的回归统计值。结果表明，乌鲁木齐河流域的山区流域年平均径流量与年平均降水量和气温拟合方程的复相关系数为 0.753，显著水平值远小于 0.01，而显著性检验表明，流域径流量的变化与降水量和气温有着密切的关联。由于 P 和 T 是独立的变量，因此径流量对未来气候变化情景的响应可以通过叠加气温和降水量对径流量的可能变化获得。

8.1.3.2 径流对气候变化的敏感性分析

径流量对假设气候变化情景的反映程度可以从径流量对气候变化的敏感性来说明。气候变化假设情景所依据的是降水量的特定变化(如 0、±10%、±20%……)和气温上升(如+0.5 ℃、+1.0 ℃、+1.5 ℃、+2.0 ℃、+2.5 ℃……)以及径流量等水文要素对不同气候情景的响应。如下式表示：

$$\Delta W_{\Delta P,\Delta T} = \frac{W_{P+\Delta P,T+\Delta T} - W_{P,T}}{W_{P,T}} \times 100\% \tag{8-3}$$

式中 $W_{\Delta P,\Delta T}$——径流量在降水量变化 ΔP 与气温变化 ΔT 情况下的变化量，m^3/s；

$W_{P+\Delta P,T+\Delta T}$——降水量变化 ΔP 与气温变化 ΔT 情景下的径流量，m^3/s；

$W_{P,T}$——现状径流量，m^3/s。

由表 8-5 可以明显看出，径流量与降水量和气温呈正相关。在同样的气温条件下，径流量随降水量的增加而增加。在同样的降水条件下，在一定的气温范围内，随着气温升高，山区的径流量也会增加。山区降水量对径流量的影响远大于气温的影响，因为气温只影响到冰雪的融化。因此，将山区径流量和气温对降水变化的影响进行比较，山区径流量更加敏感，由式(8-2)和表 8-5 的值可以确定。在此不难得出这样的结论：山区降水量的持续增加是乌鲁木齐河流域近 40 年特别是近 10 年来径流量增加的主要原因。山区气温升高引起的冰雪融水增加，也是山区径流量增加的重要因素。

表 8-5　乌鲁木齐河流域山区径流量对气候变化的响应

ΔW/%、ΔP/%	ΔT/℃						
	2.5	0	0.1	0.5	1	1.5	2
−10	−6.99	−6.76	−5.99	−5.22	−4.58	−4.04	−3.57
−5	−3.46	−3.23	−2.43	−1.63	−0.97	−0.41	0.08
−1	−0.69	−0.45	0.37	1.20	1.88	2.45	2.95
0	0.00	0.24	1.07	1.90	2.58	3.16	3.67
1	0.69	0.93	1.76	2.60	3.29	3.87	4.38
5	3.41	3.66	4.51	5.37	6.08	6.68	7.20
10	6.77	7.02	7.91	8.80	9.53	10.15	10.69
15	10.08	10.35	11.26	12.17	12.93	13.56	14.12
20	13.35	13.62	14.56	15.50	16.28	16.94	17.51

近 40 年来，乌鲁木齐河流域山区的气温和降水量普遍增加，同时径流量也有所增加，这主要受山区降水量增加和气温升高引起冰雪融水增加所致。但乌鲁木齐河流域冰和雪融水的比例是有限的，而径流量变化主要是受到山区降水量变化的影响。在未来，山区降水量变化对径流量变化的影响将会成为主导因素，因为气温的上升将在一定时期和范围内增加山区的径流量。对乌鲁木齐河流域径流量最有利的气候条件是温暖和湿润的气候与气温上升和降水量增加的结合，而不利的气候条件是寒冷和干燥的结合。通过分析乌鲁木齐河流域的山区气候变化的特点和趋势，径流量预估在今后 50 年内将在目前年平均径流量的 10.0%～20.0%之间变化，"温暖湿润"的气候组合比"寒冷干燥"的气候组合更有可能发生。

8.1.4　气候情景下乌鲁木齐河流域出山径流量的变化特征

乌鲁木齐河流域位于东天山北坡，准噶尔盆地南缘。地理位置 86°07′～88°10′E，43°02′～44°35′N，流域总面积约 4 684.0 km^2。

8.1.4.1　年内分配和年际变化特征

(1) 径流量的年内分配

乌鲁木齐河流域是由冰雪融水、降水和地下水补给的河流，山区年径流量分布主要受降水量和气温的影响。径流量分配不均匀系数为 1.19，说明乌鲁木齐河流域月径流量变化较大，年径流量分配极不均匀。水量主要集中在6—8 月气温较高和降水量较多的夏季，占全年径流量的 69.55%，冬季径流量明显减小，只占 4.65%。春、秋季节水量不大，所占比例分别为 10.28%和15.52%。最大月径流量出现在 7 月，占到 28.86%，最小月径流为 2 月，仅占1.16%，最大和最小月径流量相差约 25 倍，其差异是很大的。如图 8-5 所示，乌鲁木齐河流域径流量年内分配的一般特征：冬季水量少，春季洪水少，夏季水量丰富，年内水量分配不均匀。

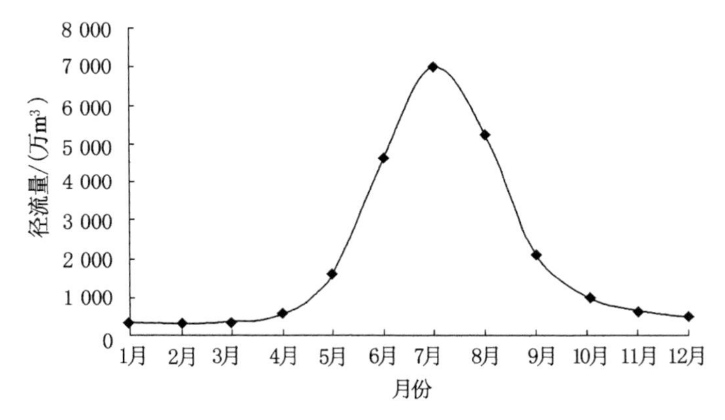

图 8-5　乌鲁木齐河流域多年平均径流量年内分配

(2) 径流量的年际变化

乌鲁木齐河流域年径流量变异系数为 0.15，极值比为 1.97，年平均流量为 $2.427\times10^8\ m^3$。如此小的变异系数和极值比表明，乌鲁木齐河流域多年径流量的波动范围小，径流量来源稳定而集中，洪水灾害少，有利于流域内灌溉农业的发展。从英雄桥站年径流量异常和累积异常的变化曲线(图 8-6)可以看出，近 50 年来的年净径流量经历了两个阶段：① 1958—1988 年径流量相对较小的阶段，其中负值是主要的异常和累积异常呈下降趋势，表明此时段是一个逐渐下降的时期；② 1989—2005 年径流量相对多的阶段，在此期间正值是绝对的主导因子，累积异常呈逐渐上升趋势，说明此时段的年径流量相对丰富。

(3) 径流量的突变特征

Mann-Kendall 检验能够有效地检测序列的变化趋势，并能够粗略地判断突变位置。在得到曲线 UF 后，同样方法应用于逆序列可以得到另一条曲线 UB，取 $\alpha=0.05$，则 $u(0.05)=\pm1.96$，表明该序列有明显的增加或减少趋势，如果 UF 和 UB 曲线在临界线间相交，且上升或下降超过临界线，则相交点为突

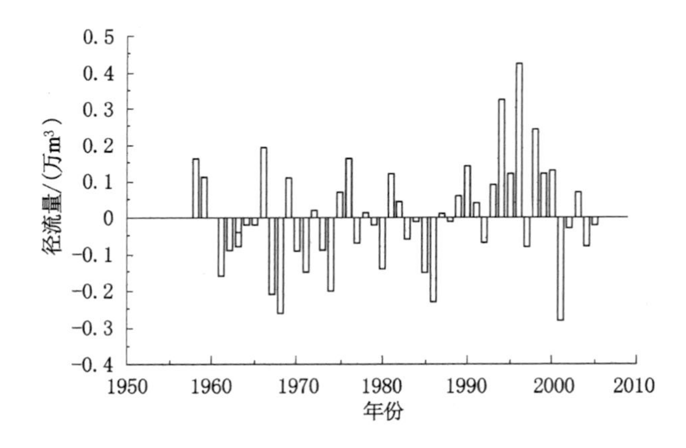

图 8-6 乌鲁木齐河流域年径流量距平

变时间。从图 8-7 可以看出,乌鲁木齐河流域近 50 年来,流域年径流量变化不大,但自 1996 年以来,年径流量有所增加。

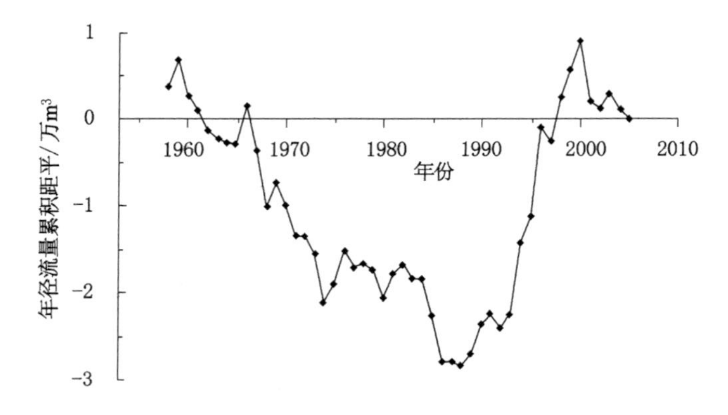

图 8-7 乌鲁木齐河流域年径流量累积距平

8.1.4.2 径流量的多时间尺度周期特征

从图 8-8 可以清楚地看出乌鲁木齐河流域的年径流量在几个特征时间尺度上的周期性变化,即在时间域上的分布。其中,3 a、6 a 和 16 a 的特征时间尺度较为明显。年径流量在 3 a 左右的特征时间尺度上,或多或少经历了频繁的变化。20 世纪 80 年代中期以前,乌鲁木齐河流域的年径流量时间尺度特别明显,90 年代中期以后,年径流量时间尺度更具有特点,约为 2 a。在 20 世纪 90 年代以前,乌鲁木齐河流域的年径流量明显具有 6 a 左右的特征时间尺度,90 年代以后，以 4～5 a 左右的特征时间尺度为代表。在 20 世纪 80 年代末，特征时间尺度开始显示出约 7 a 的强特征时间尺度。

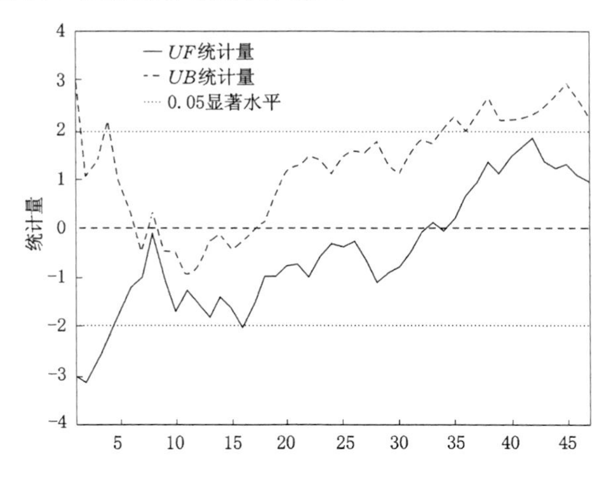

图 8-8　乌鲁木齐河流域 Mann-Kendall 径流量突变检验

如图 8-9 和图 8-10 所示，Morlet 小波分析表明，乌鲁木齐河流域年径流量具有明显的周期特征，即 3 a、6 a 和 16 a 的显著周期。

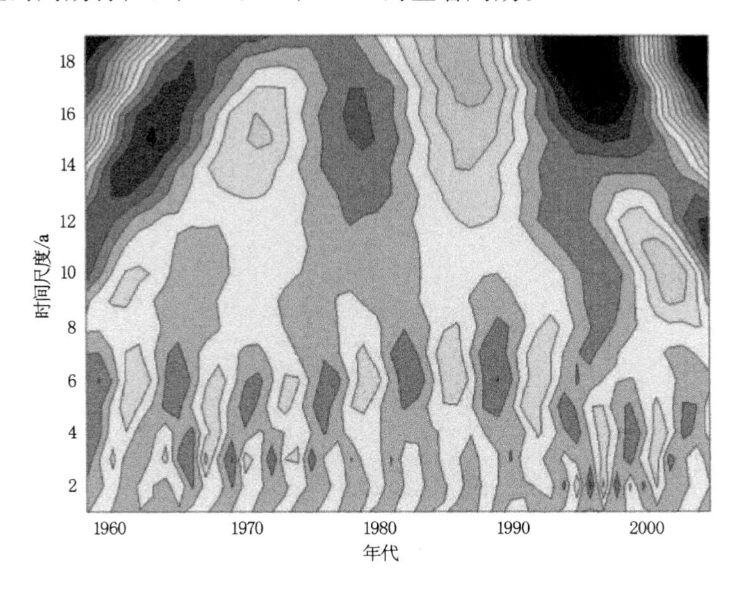

图 8-9　乌鲁木齐河流域的年径流量小波变换

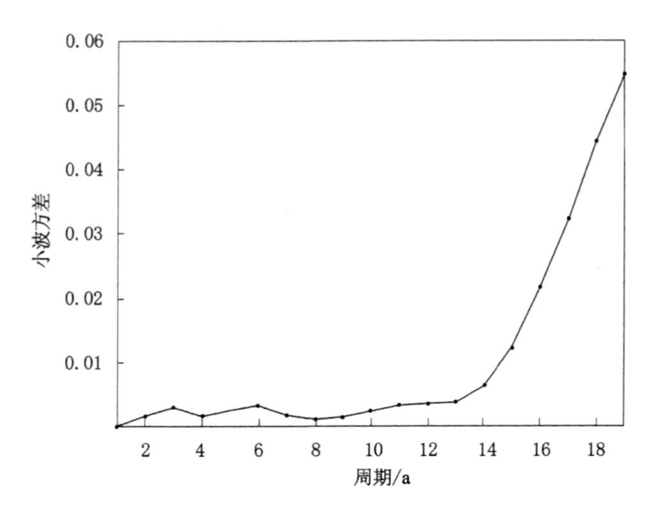

图 8-10　乌鲁木齐河流域的年径流量小波方差

8.2　展望

模拟结果误差的主要原因是高海拔山区水文气象站点太少，气温与降水量的垂直差异非常明显。因此，需要借助更连续、更准确的数据源做进一步的分析研究。另外，由于资料和时间限制，本研究仅将 EasyDHM 模型应用于天山乌鲁木齐河流域。我们下一步考虑，可以讨论将 EasyDHM 模型在新疆乃至西北干旱区和半干旱区内陆河流域进行推广应用。